自然環境再生，找回和諧共榮的永續生態

走讀日本 森川里海

日本自然環境復原協會 編

顧問 胡忠一、李光中、游麗方

陳桂蘭、林雅惠 譯

圖　例

● 關於自然環境再生議題的對策，可分為以下三大類：

● 針對自然環境再生的對象，又可區分成以下十種：

自然環境再生議題的對策

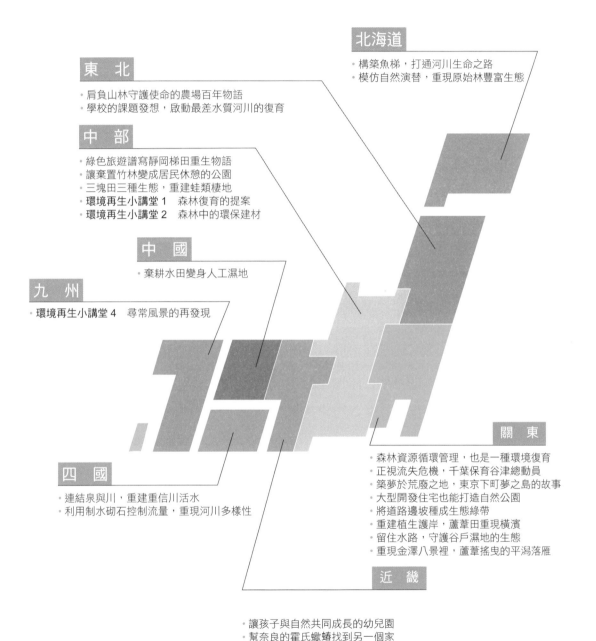

北海道
- 構築魚梯，打通河川生命之路
- 模仿自然演替，重現原始林豐富生態

東　北
- 肩負山林守護使命的農場百年物語
- 學校的課題發想，啟動最差水質河川的復育

中　部
- 綠色旅遊譜寫靜岡梯田重生物語
- 讓棄置竹林變成居民休憩的公園
- 三塊田三種生態，重建蛙類棲地
- **環境再生小講堂 1**　森林復育的提案
- **環境再生小講堂 2**　森林中的環保建材

中　國
- 棄耕水田變身人工濕地

九　州
- **環境再生小講堂 4**　尋常風景的再發現

關　東
- 森林資源循環管理，也是一種環境復育
- 正視流失危機，千葉保育谷津總動員
- 築夢於荒廢之地，東京下町夢之島的故事
- 大型開發住宅也能打造自然公園
- 將道路邊坡種成生態綠帶
- 重建植生護岸，蘆葦田重現橫濱
- 留住水路，守護谷戶濕地的生態
- 重現金澤八景裡，蘆葦搖曳的平潟落雁

四　國
- 連結泉與川，重建重信川活水
- 利用制水砌石控制流量，重現河川多樣性

近　畿
- 讓孩子與自然共同成長的幼兒園
- 幫奈良的霍氏蠍蛉找到另一個家
- 幫助孩子走出震災傷痛的生態池
- **環境再生小講堂 3**　與稻草屋重修舊好

為里山行動找到更多可能

隨著都市化發展，自然環境在人們居住、休閒、產業等需求下面臨開發、破壞、污染等壓力，尤其在淺山及海岸，許多生物棲地因此受到威脅，許多珍貴的人文地景、自然資源因而面臨消失的危機，在此情境下，有愈來愈多人開始感受到，自然環境破壞已經影響了生態多樣性、環境的永續、以及人們的心靈需求。

筆者上任以來，便將深化里山倡議列為重視的核心工作，對於具有里山願景的社區，林務局以各種形式陪伴、協力，鏈結夥伴團體與夥伴社區展開里山行動，完成里山願景。然而想找回里山、里海的生活樣貌，需要著力的不僅在於生態多樣性的維護與保育，在地產業永續、社區居民福祉也需要同等關注，因此這幾年來發展出生態造林、動物通道、友善生產等多元策略，期望以更靈活的作為，串聯起整個國土生態保育綠網。

本書是一本里山復育的行動實錄，蒐集了日本各地自然環境再生的案例，值得一提的是，案例裡的復育行動，不只是自然保育或重建，有的導入學校環境教育，有的推出假日農園，有的發展再生事業，精采紛呈的創意，都是力求兼顧環境保育與在地產業，讓里山人與自然關係更加緊密、共生共榮。除日本案例外，本書也收錄了四個型態不同、復育成果具有代表性的台灣案例。

期盼這些案例與行動能成為一條幫助讀者思考的引線，激發出更多生態、農業與地景永續共榮的實踐方式，一起為里山行動找到更多的可能。

林務局局長

借鏡日本，改變台灣

　　個人從事環境教育多年來，始終堅信著完整的環境教育應該包含三個元素，也就是 learn about environment，learn in environment 以及 learn for environment。換言之，我們不只要去認識生態環境的重要性與發生了什麼問題，也應該置身於環境當中去感受、感知與感動。

　　日本自然環境復原協會在其創立20週年所出版的這本書，正是完整地包含了環境教育這三個重要元素。書中藉由日本各地21個環境復原案例的介紹，首先指出生態環境因為社會或經濟發展而被犧牲的實例可散見於日本各地，然而，本書最大的特色即是在於，以積極正面的方式傳遞各個案例中「環境再生醫」實施環境復原的經驗與方法之相關訊息。

　　這些個案的意義並非僅止於復育成果的展現，同時更提供了許多足資借鏡的典範。諸如環境復育並非僅能仰賴政府部門，也並非專屬於環保團體的職責；相反地，社會中的每一角色都有可能成為環境復育的行動者。倡議的人可以是鐵道廳長，想出解決之道的人或為水產高職學生，更有可能

透過社區群體力量讓里山回春居民回流，或是藉由社區、投入的團體與政府機關的相互配合，讓環境復育的個案成為學校環境教育的行動場域。

　　臺灣多年以來，亦不乏有民間團體或社區與政府部門（特別是農委會林務局）共同推動例如封溪護魚的行動，同時亦有顯著成效；但是另一方面也引發了「封溪」是否有法律依據的爭議。筆者身為環境法學者，卻不認為透過修法提供「封溪」法律依據是唯一或是最好的做法。如何透過不斷地社會對話，讓環境復育的「共善」為社會大眾普遍認知，毋寧是更重要的「地基工程」，而這也是這本書出版的初衷。最後，僅代表社團法人臺灣環境教育協會誠摯感謝農委會林務局對於本書翻譯出版的支持，希望藉此公私協力的方式，為臺灣環境保育共同盡點心力。

社團法人台灣環境教育協會理事長

復育自然的跨領域觀點和實踐

台灣是座島嶼，屬年輕的褶皺造山帶地質，地形上以中央山脈、雪山山脈、海岸山脈等大山系為骨幹、各大河系為血脈，從將近 2 至 4 千公尺的高山地區，遞降到淺山丘陵、平原、海岸和海洋，往下游也遞增鄉村、都會等各類土地利用。其間，由大小河川系統串接上下游的森林、濕地和農業等生態系而歸流入海，連結了自然地區、鄉村地區和都市地區，成為國土最重要的綠色保育網絡。

生存於台灣的我們欲獲取健全的「生態系統服務」，就必須保全國土上下游自然地區、鄉村地區和都市地區之「森、川、里、海」的連結性和互惠關係（註：此處「里」解讀為人類聚落和耕地），乃能持續發揮國土環境之生態系統「支持服務」功能，為鄉村和都市地區居民提供「供給服務」（糧食、水、木材與纖維、燃料等）、「調節服務」（調節氣候、調整洪水、控制病蟲害、淨化水質等）和「文化服務」（美學、精神、人地倫理、宗教、教育、育樂等）。其關鍵策略在於強化上游自然地區保育、促進鄉村地區農業生產環境保全活用、發展永續城鎮，並擴大城鄉之間的互惠交流。

ᵕᵗ國土綠色保育網絡，受到都市
、慣行農法和氣候變遷等

衝擊，已出現生產和生態環境劣化、經濟蕭條、傳統人地倫理和文化消失等問題，迫切需要復育自然、鄉村和都市環境的各類生態系統服務功能。這種環境復育的方式，必須基於「地景」尺度和「社區本位的協同經營」的理念，以促進「森、川、里、海」的地景多樣性和連結性，並在多元權益關係人的分工合作下，增進鄉村和都市社群因應氣候變遷衝擊的調適能力和環境韌性。

本書彙整了 21 處跨越日本「都市」、「里山」、「町山」、「住宅」等四種區位，涉及「森」、「川」、「里」、「海」等四類環境復育的精采實務案例，透過文字、圖像和照片寫真說明，讓我們有機會瞭解和學習日本近年各地如何透過都市和鄉村居民、政府單位、學術機構和民間組織的通力合作，復育日本的自然、鄉村和都市地區，增進整體環境的生態系統服務功能，邁向人和自然和諧共生的願景。台灣正需要這種跨域的觀點和實踐，本書來得正是時候！

國立東華大學環境學院
自然資源與環境學系　副教授

李光中

里海

本書是「自然環境復原協會」所統籌，一連串為慶祝協會成立 20 週年而出版的紀念活動之一。自然環境復原協會設立於 1989 年，以長期高度經濟成長當中，各種在經濟掛帥陰影下，一天天被破壞殆盡的環境及大自然進行修護及復原的工作為其設立宗旨。

協會成立至今，除了推動為數眾多的環境復育再生事業之外，也舉辦各式各樣的活動，藉以啟發民眾，讓民眾確實體認身心靈健全，以及自然生態環境的重要，而我們的社會也開始產生了一些改變。例如，透過協會的活動，「棲地（biotope）」、「里山」等名詞已走進我們的生活，成為日常使用的詞彙，又如「里地」、「町山」、「里海」等用語也變得越來越耳熟能詳。

本書以過去、現在、未來的時間順序來說明、呈現何謂自然環境復原，同時大量運用實境照片及插圖，讓讀者透過視覺更容易理解文字所述。利用人為的方式使自然恢復原狀，乍聽之下似乎充滿了矛盾，然而實際上，這是可能、可行、可達成的任務，同時也是非做不可的事。自然復原事業存在於各種範疇與領域，不過本書主要是針對生態園區、校園生態、里山·町山復育、河川再自然化、水梯田復育、森林復育以及環境綠化等前瞻事例做報導。衷心盼望讀者們能夠多加利用本書，包括透過本書按圖索驥地探訪散落在全國各地的自然再生現場。

本書各章執筆的作者皆在所屬領域擔任「環境再生醫」，均為該領域的一時之選。所謂的環境再生醫是自然環境復原協會所實施的認證制度，他們是一群由協會認定具再生醫資格的人，正活躍於全國各地的各個復育再生現場。期盼本書能夠成為輔助這些復原活動的實用教材，同時也是推薦給日後有意從事相關工作的有志者的書單之一。

日本自然環境復原協會理事長

杉山惠一

目錄

● **構築魚梯，打通河川生命之路**   14

打造讓魚群穿越壩堤，自在洄游的河川環境

攔砂壩造成河中生物的棲地被阻斷，變動了河道水流蓄積量大小，更讓魚群危機處處。北海道羅臼町，打造了讓魚群可以安全洄溯的魚梯，更間接找回上游森林的活力。

● **模仿自然演替，重現原始林豐富生態**   20

以混播混種法，把消失的石狩川河岸林種回來

石狩川原生河岸林與溼地草原因為蜿蜒河道變直而縮減，曾蘊藏北海道珍貴的原生物種也因此消失；而復育河岸林棲地，正是復育生態系的第一步。

● **肩負山林守護使命的農場百年物語**   26

由荒野到棲地，小岩井持續生態、有機、永續的環境復育

為了復原因開發東北鐵道而破壞的山林，岩手縣小岩井農場帶著使命而成立，百年來不僅成為生態豐富的棲地，更在推動生態復育與資源永續上成為模範。

● **學校的課題發想，啟動最差水質河川的復育**   32

學生生態作業找到水質淨化關鍵，成功逆轉山口川生態

在地水產學校學生的生態調查，發現了能促進河川淨化水質、誘使魚產卵築巢的海綿狀生物能量墊，讓水質乾淨指標三刺魚重現於山口川。

- 本書係由專業日本環境再生醫執筆，內容深入日本各地方町區，原文有大量在地地理背景與專業術語，為其內容能更貼近台灣讀者，秉持原意下有部分敘述順序調整並酌以增減，與原文逐字翻譯不同處，敬請包涵。

- 本書相片年代橫跨 20 年以上，部分受限於原始來源，圖像清晰度有所落差，敬請見諒。

構築魚梯，打通河川生命之路

打造讓魚群穿越壩堤，自在迴游的河川環境

　　攔砂壩造成河中生物的棲地被阻斷，變動了河道水流蓄積量大小，更讓魚群危機處處。北海道羅臼町，打造了讓魚群可以安全迴溯的魚梯，更間接找回上游森林的活力。

分類　🌱 自然環境

再生對象 河流

河川工程衝擊生態

　　人類為了改善生活環境、獲取更多水資源，攔截河川建造「攔河堰」或「水庫」。然而這些河川原本棲息著在此世代繁衍，且在海洋與河川之間迴游產卵的各種生物。

　　攔截河川不但縮限了河中生物的移動空間，更嚴重阻絕迴游生物往來河海之間的道路。為了解決這個問題、減少河川開發對環境造成的衝擊，我們提出了「魚梯」的構想，以人工通道幫助生物通過被水壩、堤岸阻斷的河道。

如何調和攔砂壩的利弊

　　北海道羅臼町的知円別川分別在1967、1987 年各建造了一座攔砂壩，以減少河川氾濫時的土砂流失。攔砂壩可以緩和溪床坡度，為生物創造出適合產卵的環境；還可以減低河川的流速，防止河谷被侵蝕以減少溪河兩岸的崩坍。

　　攔砂壩雖可以確保下游的公共設施與住戶安全不受侵害，卻會導致生活在河中的生物難以活動。當豪雨來臨時，棲息在攔砂壩上游的魚類有可能會被捲入往下沖的水流；不只無法回到原來上游的棲息地，更有可能因衝力太大導致死亡或昏厥，這樣不利水生生物生長的情況竟持續了 23 年以上。

　　如何調和攔砂壩的優點和缺點，幫助這些生物在移動中不致受傷或死亡，是這次河川整治的一大重點。

魚梯建造三步驟

1 選擇魚梯的樣式

　　整個工程中最重要的，就是排除土砂和漂流木對魚梯所造成的影響。經過許多研究與調查，我們選擇了水池式的檯型剖面魚梯。實驗證實，這樣的魚梯不會被洪水所帶來的土砂影響功能，就算有 20 公分大小的石礫流進來，也可以安然排出。

（左）沿著魚梯上溯的鱒魚，但其實讓魚用跳的方式往上是不應該的。（右）利用魚梯上溯的蝦類。

攔沙壩上的魚梯完工後的樣貌。

魚梯施作前（左）下游部分落差約有 7.5 公尺的攔砂壩，（右）上游部分落差約有 8 公尺的攔砂壩。

選擇施工的時間

　　雖然建造魚梯的需求迫在眉睫，我卻們不能因此影響當地居民的生活。在知床半島的羅臼地區，我們為了避免施工影響到漁業，選擇在冬天進行工程的建造。而為了要不讓冬天的低溫破壞混凝土品質，在施工時要用塑膠布將工地圍起來。

　　除此之外，施工產生的廢水也是另一大問題，我們下了好大一番功夫，才成功避免了排出的污水流入河川。

3 **魚梯完工後立刻進行確認**

　　魚梯完工時，我們要確認工程的成效是否有達到原先規劃的目標。特別是魚梯與河川的銜接環境，還有魚梯的水量與流況，這些都必須由工作人員親自進入確認。因為若連人都無法在魚梯內行走自如，就更別說是河川裡的魚兒了。

友善魚梯的六個巧思

　　為了建造知円別川攔砂壩上的魚梯，我們在設計時花了一些心思：
① 它是一個檯型剖面的水池式魚梯，各種水生生物都可以在魚梯內來回活動。
② 就算水量大量增加，魚還是可以在魚梯內向上游動。
③ 水生生物可以快速通過魚梯內的轉彎處並回溯。
④ 水池的流速較緩，讓水生生物在回溯時有可以歇息的空間。
⑤ 遭遇洪水時，不會有過多的水量流到魚梯內。
⑥ 土砂不容易堆積。

　　魚梯內的水池一個接著一個，這是為了避免魚梯在洪水發生時湧入過多的水量。水流入口的部分做了曲折的設計，以減緩水流的速度。雖然魚梯內有彎曲設計，水流速度不至於太急，魚類都可以很順利的回溯。

　　但如果有連續 5 個以上的水池所構成的階梯，我們會在中途設一個長度增加 1.5 倍的水池，讓回溯的魚類能夠休息。此外，魚梯內水流兩側的牆面被設計為斜邊，是為了讓洪水所帶來的土砂可以順利的排出。

確認水流和緩可以通行

　　魚梯建好後，我們除了必須確認魚群是否利用魚梯回溯，還要確認通過魚梯後生物的回溯路線及周邊環境，第 19 頁的照片中，左上方是計劃人員親自到魚梯內確認水流強度的狀況。其實只要實際進入魚梯，就會發現看起來湍急的水流，實際上是相當和緩的。同一頁右下面的照片則是在魚群回溯期間所拍攝的，可以清楚的看到魚群回溯的樣子。

攔砂壩上游部分的知円別川。

攔砂壩下游部分的河川狀況。

魚梯建設工程實景。

完工後的魚梯內部水流狀況。

施工前模擬並測試洪水發生時魚梯水流狀況。

魚梯讓上游森林也找回活力

1 魚梯對生態維護的幫助顯而易見

睽違了 23 年，我們終於在知円別川的魚梯完工後，再次目睹魚群回溯的實景。魚梯對生態維護的幫助顯而易見，不但使魚群受益，也連帶增加野生動物的食物來源。就算是產卵後死亡的魚，其屍體也都能化做養分，幫助森林恢復活力。

今後所要努力的方向，是如何維持這樣的生態平衡，並確保魚梯的功能不會因為發生洪水而消失。

2 魚梯不宜私有化和今後展望

筆者認為魚梯的整治是十分必要的，因為它的管理與維持並不困難，且能讓水中生物自由自在的回溯或往下游活動。然而魚梯的存在是為了幫助棲息在河川的各種生物，並非提供某特定團體或企業使用。若有人將魚梯私有化，把它當做養殖場利用，是我們最不願意見到的行為。

日本是一個自然環境豐富的國家，極少利用水泥建築物來進行環境復育。幸虧日本在建造魚梯這方面有值得信賴的技術，使得這樣的環境復原方法能夠實現。知円別川的第 2 個攔砂壩（高低差約 8 公尺）上的魚梯已經興建完成，並從 2010 年開始進入成果驗證階段。我們不但利用具體的技術，在原本受到攔砂壩影響的環境中，打造出河中生物可以產卵、棲息的環境；而且在洪水發生時，仍然能夠維持魚梯的功能，呈現人為努力與自然調和結果。

魚梯水流入口處。

知円別川第二個魚梯完成後的樣貌。

工作人員進入魚梯確認水流狀況。

看似湍急的水流其實穩定和緩。

鱒魚產卵前的樣子。

在魚梯興建後可見鱒魚洄游。

模仿自然演替，重現原始林豐富生態

以混播混植法，把消失的石狩川河岸林種回來

　　石狩川原生河岸林與溼地草原因為蜿蜒河道變直而縮減，曾蘊藏北海道珍貴的原生物種也因此消失；而復育河岸林棲地，正是復育生態系的第一步。

分類 自然環境

再生對象

石狩川兩岸濕地草原快速消失

　　北海道氣候寒冷，不利於種植稻作。就連河川沿岸容易開墾的低溼地也未被開闢成水田，仍保留著原生的河岸林以及廣大的溼地草原。

　　1897 至 1912 年間，石狩川以蛇行的方式流過石狩平原然後進入日本海，周遭有許多溼地草原。沿著河岸還有一個狹長的綠帶，也就是河岸林。從右頁上圖可以清楚的看見，1955 年後河道逐漸變直，不僅溼地草原快速消失，岸邊的綠帶也不見了，原生的河岸林處境危險。而到現在，連溼地草原也消失無蹤了。

河岸生態蘊藏珍貴物種

　　右頁中圖的北海道殖民地選定報文，是拓墾開始前北海道廳政府所做的調查報告。沿著蛇形河道兩旁的黑點表示河岸林，破折線表示溼地草原。根據調查，溼地草原上長滿了蘆葦，河岸林裡則有春榆和水曲柳等樹木，長得非常茂密。彎曲河流所形成的水潭內，有原生種的鱘龍魚（學名 Acipenseridae mikadoi）。溼地草原上有丹頂鶴（學名 Grus japonensis）、遠東哲羅魚（學名 Hucho perryi）。當時河岸林裡還有毛腿漁鴞（學名 Ketupa blakistoni），現在卻已經從石狩平原上消失了。

　　過去在石狩川下游到處可見的河岸林，其實是相當珍貴的，就算在北海道內也十分少見。另一處可以見到河岸林原貌的地方，是位在北海道東部的當幌川。當幌川以極度曲折的方式流經寬約 500 公尺的河谷低地，和開拓前石狩川的河岸林結構幾乎相同，河道附近的樹木長得最高，隨著與河道的距離愈來愈遠，樹木的高度也愈來愈低，和石狩川的河岸林結構幾乎相同。

模仿自然林生成過程重建生態

1 重現自然干擾下，山林恢復模式

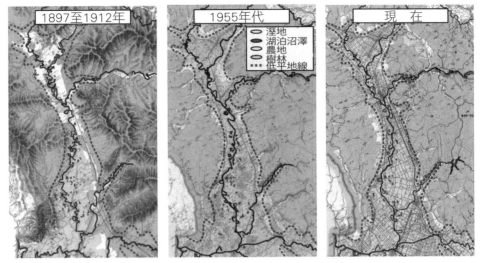

本圖可明顯看出石狩川流域河道與土地利用的開發，隨著時間變化了許多。

北海道殖民地選定報文附圖。

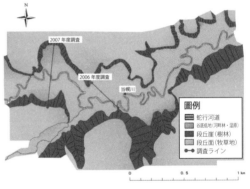

當幌川的地形分類圖與調查測量線。

從河上拍攝的當幌川河岸林。

從河道周邊低地拍攝的河岸林。

當火山噴發或山腰崩塌時，受到破壞的地區會在很短的時間內會恢復成自然林。我們希望能重現這一個植物快速生長的過程。具體的做法，就是嘗試在受颱風侵襲而樹木連根拔起的原生長地育林。為了確保再生樹林的生物多樣性，我們選擇使用生態學上的混播、混植法。

2　採集自然散播的種子育林

我們發現，若區域內有種子自然落下，在第二年便會發芽。經過競爭與成長，個體的數量便會慢慢增加。因此在進行計劃時，挑選了自然散播的種子無法到達的區塊，作為育林的預定地。我們從周邊的自然林裡採集了各式各樣的種子，然後直接把種子播種在地上，或放到培育皿中培養成小樹苗。

3　參考周邊自然林密度提高存活率

為了降低草本植物的競爭，我們以直徑約 3 公尺的土地為一個單位，先在土地上鋪一層 5 公分厚的碎石或木片，然後再選擇 10 個不同種類的種子或種苗植入。我們所準備的數量，是參考周邊自然林的密度，希望每個單位上至少有一棵樹木存活。

混播、混植法再造河岸林

這項混植法，預計種植大量過往分布在這裡的植物，因此各單位面積上的樹種組合變得很龐大。至於個體數量，因為選用十種不同的種子與樹苗，而且每一種類都種 5 棵，所以一個單位內，種子加上樹苗就會植入 50 棵。自然的淘汰力量會在這些植物中作用，找出最適合生存的植株。

第 23 頁上圖顯示出混植法預期的樹林生成過程。在種植初期，每一棵樹苗都只有 5 至 10 公尺的高度。但從第二年開始，先驅樹種（喜光樹種）開始快速的成長，形成上層部分。再經過幾年，演替後期樹種（耐蔭樹種）以及終極樹種利用從兩側照進來的光線，也開始成長苗壯。等到壽命短的先驅樹種開始枯死，演替後期樹種以及終極樹種便開始快速生長。

影響植物生長狀況的因素有很多，主要受到土壤條件、個體差別的因素影響，我們預計每個單位最後只有 1 到 2 棵會長成大樹活下來。至於是什麼樹種或者哪一棵樹會存活下來，就交給大自然做決定。當第一階段完成的樹林開始自由散布種子時，和原貌相近的河岸林就會漸漸地開始重生、再現。

種植具有優勢的在地樹種

第 23 頁下面的照片是在石狩川支流忠別川所進行的河岸林重現計劃之施工狀況，以及完工經過 11 年後的實景，第 24 頁下面的圖就是後續追蹤調查的結果。在這裡，右岸原本

預期的樹林生成過程

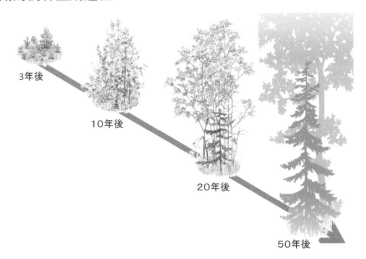

3年後

10年後

20年後

50年後

在河畔種植樹苗與種子的實況。

1998 年 9 月 26 日,施工時的狀況。

2009 年 8 月 4 日,施工 11 年後的狀況。

有一個舊霞堤（疏洪功能的不連續堤）。在霞堤外，又造了新的連續堤。完工後，這裡生長的樹木主要是施工後長出的樹林，主要是白楊樹（Populus suaveolens）或者偽蒿柳（salix schwerinii）等樹幹粗的柳樹類，柳樹類以外的樹種則幾乎看不到。因此，我們選擇在連續堤施工完成後所創造山的空間內，種植這些原本就具有優勢的在地樹種。

經過了 11 年後，一個具有多樣樹種、接近於原始河岸林的的樹林成功被復育。透過自然的力量，我們期望有更多的種子從這裡散播出去，河岸林將愈來愈生意盎然。

施工 11 年後的狀況

施工段的樹冠和地形平面圖

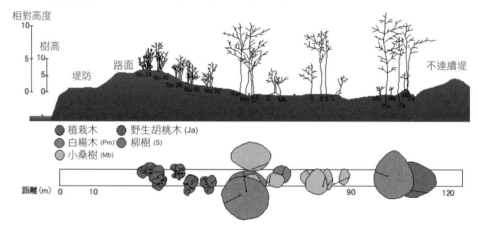

施工段的地形剖面及樹幹橫切面

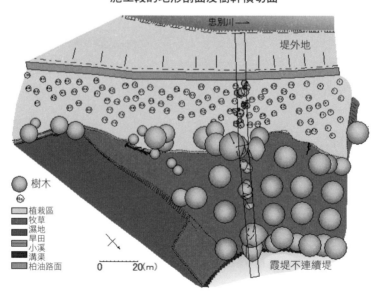

復育原生物種的石狩川下游自然再生計劃啟動

1 復育動物前先復育植物棲地

2007 年，「石狩川下游自然再生計劃」制定完成，我們選定了鱘龍魚、遠東哲羅魚、丹頂鶴、島梟做為長期復育的物種。

想要保育這些物種，就要先復育牠們的棲息地，因此復育河岸林是不可或缺的先決條件。我們利用生態學的混播、混植法，再加上小學生們的幫忙，成功復育了河岸林中的春榆和水曲柳。

2 這只是再生的起點

當別町地區，是第一波實施「石狩川下游自然再生計劃」的地方。實施計劃的面積約有 17 公頃，雖然看似廣大，但從整個流域來看，只是其中的一小點。

除了已經實施再生計劃的地區，我們也要注意當別地區之外，需要兼顧治水面以及環境面的區域如何保留下來。我們計劃連結這些區域網絡，並過環境教育，讓民眾具有正確的環境意識。因而能夠進一步理解，為何政府要花如此多的心力治理這個問題。

石狩川下游當別地區的自然再生計劃案

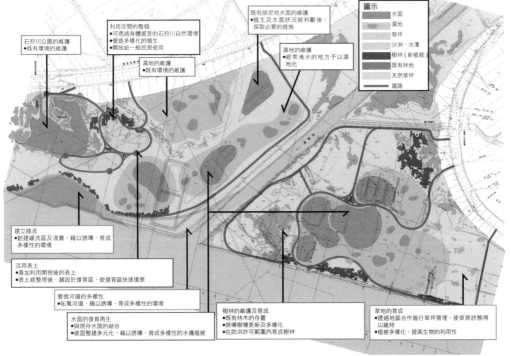

圖示
- 水面
- 濕地
- 草坪
- 沙洲、水潭
- 樹林（新植栽）
- 既有林地
- 天然草坪
- 道路

石狩川公園的維護
● 既有環境的維護

利用空間的整頓
● 可透過身體感受的石狩川自然環境
● 營造多樣化的植生
● 開放給一般民眾使用

濕地的維護
● 既有環境的維護

既有排泥地水面的維護
● 植生及水面狀況經判斷後，採取必要的措施

濕地的維護
● 經常淹水的地方予以濕地化

建立曲流
● 創建緩流區及淺灘，藉以誘導、育成多樣性的環境

活用表土
● 善加利用開挖後的表土
● 表土經整理後，鋪設於復育區，使復育區快速復原

營造河道的多樣性
● 拓寬河道，藉以誘導、育成多樣性的環境

水面的復育再生
● 與現存水面的結合
● 坡面整建多元化，藉以誘導、育成多樣性的水邊植被

樹林的維護及育成
● 既有樹木的存置
● 誘導樹種更新及多樣化
● 在防洪許可範圍內育成樹林

草地的育成
● 透過地區合作進行草坪管理，使草原狀態得以維持
● 植被多樣化，提高生物的利用性

肩負山林守護使命的農場百年物語

由荒野到棲地，持續生態、有機、永續的環境復育

為了復原因開發東北鐵道而破壞的山林，岩手縣小岩井農場帶著使命而成立，百年來不僅成為生態豐富的棲地，更在推動生態復育與資源永續上成為模範。

分類　🌱 自然環境

再生對象　里山　森

不捨興建鐵路而砍伐的山林

創立於 1891 年的小岩井農場，位在盛岡車站往西約 10 公里處，自然景觀甚受遊客喜歡。不過，幾乎來過的人都誤以為這個農場是砍伐森林闢建而成，事實上卻剛好相反——這是當時幾位有心人士，不捨因為建設東北線鐵路而砍伐消滅了山林田野，希望以農場重現當時的自然環境。

話說 1889 年，日本鐵道廳長井上勝為了視察東北線鐵路工程，初次訪查岩手縣，感慨於鐵路工程犧牲了太多自然景觀，於是提出在此創設農場，復育生態的構想。獲得日本鐵道株式會社副社長小野義真支持，並推薦三菱重工第二代老闆岩崎彌之助提供資金，取得約 4,000 公頃的土地後，創設了「小岩井農場」——從推動創設有關的小野義真、岩崎彌之助、井上勝三人名字，各取第一個字而命名。

初始由井上勝負責農場的經營。由於用地整片都是火山灰土壤，四處環繞岩手山伏流湧出的溼地草原，樹木生長不易。井上勝嘗試種植桑樹、漆樹以及種種農作物等，幾年下來完全看不到成果。到了 1898 年，改由原本提供資金的岩崎家族指派第三代的岩崎久彌（岩崎彌太郎長男）接手農場經營。

小岩井農場經營的五大方針

久彌曾赴美國賓州大學就讀，他聽取活躍於當時的蘇格蘭商人湯瑪斯葛洛佛（Thomas Glover）的建議，並獲得當時經營方式先進的三里塚御料牧場技術支援，訂出五大步驟，把農場轉換以畜牧為主軸，並隨著環境的改善，逐漸配合調整經營方針：

1　種樹和改良土壤

岩崎久彌將 4,000 公頃農場用地的三分之二種植適合生長的紅松與唐松，大規模造林。另外三分之一面積的土地則鋪設暗渠排水，使溼地適於種植；再以石灰岩碎石改善火山灰的酸性土壤後，開始種植飼料作物。

2 引進品種優良的乳牛，培育小岩井種牛

由於當時日本政府為了改善國民體格，鼓勵國民食用牛乳、牛肉。因此，小岩井農場在飼料作物穩定生產基礎下，引進品種優良的乳牛：包括英國的愛爾夏牛（Ayrshire）、荷蘭的荷蘭牛（Holstein）、瑞士的黃牛（Brown Swiss）等，再從中選出能適應日本風土條件者，進行品種改良與繁殖，然後將這些種牛供應給日本全國的種牛場。目前日本所飼養的荷蘭牛種，其中 12.5% 被認為具有小岩井農場的血統。

3 從培育軍馬、賽馬到全面農林畜牧

配合日本當時軍事需求，小岩井農場也曾投注於軍馬改良重任：從 1908 年開始自英國引進純種馬（Thoroughbred）進行育種和改良，在 1932 年起的日本賽馬活動中連年表現優異，第 10 屆的比賽中，甚至一舉奪下三冠王佳績。

二次大戰後，占領日本的盟軍最高司令部實施農地改革（由政府收購後轉賣給佃農），小岩井農場的農地原本也被要求逐次放領，但基於農場過去畜牧改良卓越表現，後來只廢止賽馬事業、放領 1000 公頃土地，保留了 3000 公頃維續經營農林畜產事業。

農場有岩手山為背景的廣大牧草地與防風林。

小岩井農場 1907 年左右的植林狀況。

2 至 4 屆日本賽馬冠軍馬之父。

④ 保安林與事業林共同形成多樣化生物棲息地

小岩井農場位於岩手山南麓、標高約 200 至 620 公尺，目前仍保留了創業初期所種植的防風林及各種樹林共約 2000 公頃，其中，在農場內部或聯外道路兩旁延伸約 30 至 50 公尺區域約 800 公頃範圍是涵養水源保安林，以自然生態保護為優先，隔絕人類的侵擾。百餘年來逐漸形成豐富植被，更提供了各種昆蟲、野鳥類與小動物的棲息區，成為多樣化的自然環境景觀，還隨處可見稀有種動物。

至於保安林以外的一般事業林，則是以 100 年後要砍伐利用為目標，訂有長期管理計劃，循環進行育苗、修剪雜枯枝、疏伐、砍伐、種植等作業。目前已完成長 75 公里的林道，是高效率林業管理、產銷的重要基礎設施。

更令人注目的是，即使是事業林，由於適度的疏伐、修剪雜枯枝，林間氣息舒爽，環境明亮，非常適合遊客漫步。同時也吸引了許多生物棲息，包括野鳥類，甚至有老鷹翱翔並築巢繁殖。並發現號稱日本野生動物界頂端的日本黑熊（日語稱「月輪熊」），已有 22 隻經 DNA 鑑定確認。

由於保護良好的保安林加上計劃管理的事業林，更復育了種種自然水源：調查發現，整個農場涵水量約 800 萬噸，包括山林自有的滲出水以及來自岩手山伏流的湧泉水，清澈地流過農場，成為甘美充裕的飲用水，也是下游地區最佳農業用水。當然，這些良好水源，更是種種生物復育溫床，現在，農場已隨處可見岩魚、八目鰻、森青蛙（喬木樹蛙，學名 Rhacophorus arboreus），以及堪稱水質指標的川真珠貝、源氏螢 (學名 Luciola cruciata) 等等，共同形成了小岩井農場如今的多樣化自然環境。

⑤ 推動沼氣發電、有機肥料減輕環境負擔

農場所飼養禽家畜大約：牛 2,100 頭、羊 200 頭、雞 60,000 隻，每年產生糞便約 20,000 噸。透過在糞便中混入廚餘的方式，可以有效產生沼氣（甲烷），進行發電（見第 30 頁左上圖）。目前農場內的設備足以每天發電量 4,000 千瓦，提供每日用電量 20%；此外，糞便與廚餘做成的有機堆肥正是飼料田豐收的最佳養分，形成了資源永續循環。因此，儘管這裡飼養了大量的家畜，卻始終維持著環境負擔極少的狀態，空氣中，沒有牧場最令人卻步的臭味。

發展環境復育事業

1977 年，小岩井農場把負責山林管理的單位擴編為「山林綠化部」，開啟綠化造園事業，在日本東北、首都

圈等各地承攬綠化工程，但仍僅限於一般的綠化造園設計與施工。

之後，因為發現杉山惠一先生主導創設的「自然環境復原研究會」和農場的經營理念相同，因此，長久以來都和堪稱研究會實作部隊的「日本生態棲地協會」維持著夥伴關係。

自然環境復原研究會草創初期，曾在岩井、雫石、小岩井農場等地開辦環境復原研討會，也邀請小岩井農場山林綠化部參觀復原工程的現場。正由於與會者紛紛稱譽「小岩井農場是一個廣大的生態棲地（Biotope）」，讓山林綠化部意識到自然環境元素才是綠化的主要價值。之後便積極推展水邊綠化、植生護岸、生態池、屋頂濕生花園等提案，也將「山林綠化部」部門名稱改為「環境綠化部」。

推動生態復育屢獲肯定

小岩井農場「環境綠化部」經過多年努力推動自然環境復原事業，近年來迭有佳績：例如，在岩手縣「岩手廢棄物處理中心生態園區（見第28頁照片）」所進行的「珍稀水生植物棲息環境復原計劃」設計提案與工法，獲得2008年度NPO法人生態棲地協會的生物棲息地表揚大會「生態棲地大獎」。

還有，2009年，在青森縣奧入瀨町

自然豐富的相之沢川，提供了川珍珠貝（Margaritifera）良好的繁殖條件。

農場內的水芭蕉群落。

龍膽花。

(左) 運用家畜糞便進行發電的畜產生質能發電。(右) 岩手縣廢棄物處理中心生態棲地獲得 2008 年「生態棲地大獎」。

(左) 施工前原本為水泥擬石的山形縣大山川護岸。(右) 大山川護岸施工後,吸引了水鳥飛來。

下田公園內的間木堤,嘗試了不依靠居民餵食,而是以改造的環境吸引天鵝自動飛來的「菰草植生浮島」計畫,這項提案的設計與工法,在 2009 年度大會也受到高度評價,並榮獲「生態棲地表揚委員會特別獎」。

本頁左下與右下兩張圖的照片是山形縣大山川的水泥塊擬石護岸,藉著把菰草植栽的椰子纖維固定在護岸上,創造出自然環境。

從環境教育落實生態保護

隨著保護自然生態的觀念日益普及,各地區陸續有許多熱心的志工加入行列,包括針對「生態棲地」或者「自然環境復原」的活動非常熱心的團體。這固然是個好的現象;但相對的,我們也常看見一些雖然熱心,卻缺乏生態觀念或科學性根據,以致造成對生態系破壞的案例。

因此,我們除了深化實作經驗之

外，今後更要同時重視環境教育，把教導、舉辦自然環境的維持保護與復原的基本觀念傳達給更多人知道，以吸引更多人士正確參加。並期待自然環境復原協會、協會所認證的「環境再生醫師」，以及日本生態棲地協會所培養的「生態棲地指導員」能夠在日本全國各地深入參與，成為不可或缺的角色。期待小岩井農場長期踏實的努力，提供大家體會環境復育的重要性。

(左)位於東京丸之內的三菱一號館美術館廣場，是自然環境復原研究會推動的提案。(右)農場內百年杉木林與林道。

學校的課題，啟動最差水質河川的復育

學生生態作業找到水質淨化關鍵，成功逆轉山口川生態

在地水產學校學生的生態調查，發現了能促進河川淨化水質、誘使魚產卵築巢的海綿狀生物能量墊，讓水質乾淨指標三刺魚重現於山口川。

分類　🌱 自然環境　✒ 環境學習

再生對象 河流 環境教育

都市河川，有市民共同的記憶

河川是人類獲取生活資源的重要來源之一。尤其是流經都市中心的河川，除了提供人們生活所需的用水，更是平時休閒遊憩的場所。

山口川緊鄰黑森山（標高約 300 公尺），全長約 5 公里，流經岩手縣宮古市市中心，有許多居民住在河川沿岸。黑森山頂有一座黑森神社，以黑森神樂聞名，被日本政府指定為重要無形民俗文化財。從黑森山頂可以鳥瞰整個宮古市和太平洋，傳說源義經造訪此地時，處處可見生長茂盛、樹齡超過 1000 年的大樹。

40 多年前，山口川是提供市民休憩場所的河川。每年一到春天，孩子們會哼著歌到河邊來，徒手在河中捕捉此地特有的八目鰻，或者在附近的湧泉池裡捕捉山椒魚。40 多年前的山口川，是一個玩水的絕佳去處。

1965 年後經濟高度成長，人們大量開發山口川周邊。原本河流沿岸的良田變成住宅區，河川變成了排水溝。大量的家庭與工廠廢水排入河中，水質惡化嚴重，甚至被評為全岩手縣最差。近年來隨著下水道逐漸完成，雖然排入的生活廢水減少，但是山口川的惡名並未獲得平反，從前那般光景再不復見。

起於高中生想貢獻社區的生態作業

日本高職學校的研究活動中，除了有社團活動的研究，也會有專門科目的課題研究。在這篇文章中，我想要特別介紹宮古水產高中「栽培漁業科」的課題研究。

有一天漁業科的老師突然丟出一個問題：「是不是可以利用你們專業的知識和技術，對社區做一些貢獻？」學生們思來想去，做出以下的回答：「既然我們學的是『魚』，那是不是可以到山口川內做有關魚類的調查，希望能對市民有一些幫助。」

生物需氧量（BOD, Biochemical oxygen demand），是細菌在污水中分解廢物所消耗掉的氧的總量，需氧量越大，代表水污染越嚴重。山口川雖流經宮古市的中心地區，和居民的生活密不可分，但它的生物需氧量數值太高，屬於岩手縣內水質最差的河流。對居民而言，這條河川已不能夠提供休閒遊憩與生活資源。基於以上原因，學生們開始進行山口川的調查作業。

許多生活廢水排入河中，導致山口川的生物需氧量全縣最高。

復原行動的前置調查

1 發現生物能量墊 (BioMat)

調查開始後，學生們在下游某個透明度較佳的河段的河底，發現了許多柔軟且沒有臭味、類似海綿狀的塊狀物密集區，我們稱之為「生物能量墊」。

2 生物能量墊有效減少水中磷與銨

學生立刻將生物能量墊帶回學校進行實驗。我們把生物能量墊、木炭、牡蠣殼、水泥塊碎片分別放入 500 毫升的燒杯中，並在每個燒杯中注入已優氧化且藻類茂密生長的池水，然後靜置觀察。經過兩週，我們發現水中磷與銨（ammonium）的含量發生了變化。

3 三刺魚的產卵實驗

我們的另一項實驗是觀察魚的產卵

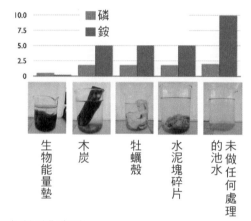

水質淨化實驗。

學生在河底發現了生物能量墊 (BioMat)。

行為。我們準備了兩個水槽，一個置入生物能量墊，一個則否，接著再將三刺魚放入兩個水槽中。在未投入生物能量墊的水槽中，完全看不到三刺魚的產卵行為。在另一個有生物能量墊的水槽中，我們觀察到了雄魚追逐雌魚的求偶與築巢行為。

雄魚用生物能量墊的纖維當作築巢的材料，雄魚築完巢後，僅僅經過 2 天，雌魚就進入巢內產卵。

復育行動開始！

① 在室內製作人工生物能量墊 (BioMat)
學生們利用實驗室中流動式水槽，在儲水箱內投入植物，一個月後就成功做出了和生物能量墊極為相似的植物纖維。

② 在室外設置人工生物能量墊 (BioMat)
由於在實驗室內製造生物能量墊的結果良好，學生們開始進行大規模的製作。為了不影響河川中植物的生長，製作的材料並不使用河川中的植物，而以校園周邊叢生的雜草為主。完成後，我們便開始進行生物能量墊的戶外設置，以期能恢復河川生態。

③ 三刺魚再現
「老師！我們抓到三刺魚了！」第二年的春天，學生們在山口川抓到只在清澈環境中才會產卵的三刺魚，代表河川的環境已成功改善。在第二天的晚報中，當地報紙立刻以頭條的方式報導了這項消息。住在山口川沿岸的居民欣喜的說：「水質乾淨的指標三刺魚終於回來了。」

山口川再生行動由學生傳承著
在山口川發現三刺魚後，我們將之帶回學校，用生物能量墊幫助牠們築巢並且進行產卵。孵化出來的小三刺魚交給了當地山口小學的學生們飼

(左) 有生物能量墊的水槽很快發現雄三刺魚引誘雌魚進入魚巢。(右) 學生們預先做好人工生物能量，然後投置在河川。

養，等到魚兒長大，再將之放回山口川。三刺魚的發現只是一個開始，山口川的復育活動仍然進行著。

每年夏天，宮古市教育委員會都會舉辦「山口川的魚類調查」，主題是「來山口川抓魚、抓螃蟹！」。當地的小學生熱情參與，提供了我們許多協助。透過這項活動，我們發現了日本絨螯蟹的幼蟹，以及殼的寬度超過10公分的日本絨螯蟹。除此之外，泥鰍、漢氏澤蟹、圖們江杜父魚、淡水型杜父魚、櫻花鉤吻鮭、岩魚等，都在活動中一併確認。

自此之後，民眾對於山口川的認識有了大幅的轉變。以往覺得山口川有點髒，現在卻普遍認為「山口川有豐富的生物」、「山口川變乾淨了」。

目前山口川的魚類調查活動，主要由「守護山口川的市民互聯會」和「宮古市教育委員會」策劃，非常受到當地居民的支持。每個人都強烈希望能將這樣的自然環境傳承給下一代。

第二年學生首次確認三刺魚的回溯現象。

山口川源頭的黑森神社，位於標高約300公尺的黑森山頂附近。

森林資源循環管理，也是一種環境復育

薪炭林轉型製作堆肥，將里山資源轉為經濟活動

因為薪炭燃料需求不再，茂木町森林缺乏管理而荒廢；公所發展堆肥與回收事業，除了充分運用森林資源，以保育的方式投入里山經營。

分類 自然環境　循　環

再生對象 里山　 森　 循環

新炭林沒落而荒廢

茂木町位於栃木縣東南部，總面積 172 平方公里，其中有 111 平方公里是森林，約占總面積的 64%。林中以杉木和檜木等針葉林為主，面積有 40 平方公里，占森林總面積的 36%。由於針葉林之中約有四成的樹木樹齡在 35 年以下，因此必須透過疏伐、育林以及有計劃的伐木工作，對森林進行適當的照顧與整理。

除了針葉林，茂木町有更豐富的闊葉林，占森林總面積的六成。以枹櫟和橡樹為主，這裡自古盛產材薪與木炭。但目前材薪與木炭的產量逐漸減少，取而代之的是原木香菇的生產。其中又以枹櫟為原木所生產的乾香菇最著名，產量為栃木縣內的第一位。但後來因為價格滑落，加上後繼無人管理。做為乾香菇原木的枹櫟和橡樹，不但伐木量減少，疏於照料的結果也導致樹木逐漸老朽。加上雜草未除，爬藤類植物大量繁衍，原本優美的闊葉林變成雜木叢生的荒廢狀態，最終甚至變成了山豬的下榻處。

茂木町名稱的起源，就是因為有這些枹櫟和橡樹所形成的青山風光。為了將這些美景傳承給下一代子孫，我們必須思考如何建構森林資源的循環系統，讓人和森林可以共存共榮。

茂木町的「美土里館」，利用落葉、竹子、稻殼等森林資源，將這些資源和廚餘、牛糞混合在一起，作成高品質的堆肥。美土里館這個地方，除了製作堆肥，同時也在推動里山保護、垃圾回收再利用、地產地消（當地生產、當地消費）的環境保護型農業。

運用森林資源，推動環保型農業

落葉裡面含有豐富的發酵菌，是製造堆肥不可或缺的原料，因此自古以來，落葉一直都被當作堆肥材料。雖然現在化學肥料愈來愈普及，茂木町公所仍認為用落葉製造出的堆肥品質更好。

資源循環系統

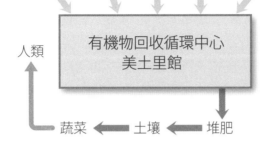

廚餘　牛糞　落葉　稻殼　鋸木屑、竹子

有機物回收循環中心
美土里館

人類

蔬菜 ← 土壤 ← 堆肥

整理落葉後的雜樹林和藤樹叢。

居民們一起收集落葉。

把袋子塞得滿滿的落葉。

雜樹林變得美觀。

過去生長著枹櫟和橡樹的雜樹林，近年來逐漸荒蕪，落葉堆了滿地。因此町公所計劃，以 400 日圓的價格收購一袋 20 公斤的落葉。目前約有 50 戶農家共 100 人在做收集落葉的工作。平均一人一天可以收集 20 袋，收入約 8000 日圓。在落葉紛飛的季節，居民們開心的撿著落葉，因為這不只能賺錢，還能美化山林環境。

落葉的季節，里山的道路上排著塞滿落葉的袋子，長年人煙罕至的雜樹林，在一年內就有 80 公頃的土地被整頓好。照這樣看來，若收集落葉的工作可以每兩年進行一次，將會有更多美麗的山林恢復昔日樣貌。

木屑是效果絕佳的除臭劑

種植杉木與檜木的針葉林，每年實施疏伐的面積約為 200 公頃。其中約有 180 公頃的土地會將疏伐的木材都留在原地，並未善加利用。除此之外，町公所以 1 噸 4,000 日圓的價格向民眾收購，每年從其餘的 20 公頃裡運出 400 噸的木材做為堆肥材料，並在「有機物回收再利用中心——美土里館」，把木材粉碎成木屑後使用。木屑中所含的木質素與纖維素，必須長時間的發酵才能分解。但只要解決這個問題，木屑便是極佳的堆肥材料，不但吸水性良好，而且非常適合做為調整水分的素材。除此之外，因為木屑具有樹木的香氣，可以去除糞便與廚餘的臭味，是效果很棒的脫臭材料。

竹子是很好的土壤改良材料

竹子的生長速度極快，如不妥善處理，時常成為山林荒廢的原因。我們發現，若沒對枹櫟和橡樹旁長出的竹子做適當的管理，竹子很快便會把根伸往雜樹林。過沒多久，雜樹林很快就變成了竹林。以往我們時常將稻草掛在竹竿上曬太陽，把竹子當作農業的資源材料加以利用，但現在幾乎都使用機器乾燥，不再需要竹子材料。

過去竹子也時常被當作食材利用，但因人口老化，挖竹筍太過耗費體力。因此人們開始思考，有什麼方法可以讓雜亂的竹叢變成清幽的竹林，同時還可把竹子當作堆肥材料加以有效利用，做成品質良好的堆肥。

雖然竹子看起來堅硬，但實際上只要將它放入機器中，想要將它攪碎輕而易舉。另外我們發現青竹特別容易發酵，只要將被絞碎的青竹粉堆疊起來，就能製造出竹子堆肥。雖然目前市面上還沒有百分之百由竹子製造的堆肥，但只要在既有的堆肥原料中加入一定比例的竹粉，發酵情況就變得異常好。做出來的堆肥，氮的成分很少，不但是效果良好的土壤改良材料，使用上也相對容易，廣受農民喜愛。

在地菌種製成，土堆肥評價好

製造堆肥，最重要的就是創造發酵所需的環境，其中包含：發酵粉、有機物、水分、酵素、溫度。在發酵活動中，發酵的設備並非重點，微生物才是影響成果的主要關鍵。周圍的環境變化或者季節的變動，都會影響微生物的活性。這裡利用的是附著在落葉上的在地微生物（土著菌），所以生命力強，發酵情形良好。

每個原料各有用處，鋸木屑能夠吸水除臭、稻殼可以儲存空氣、廚餘和牛糞則是氮的來源。把這些原料攪拌之後，便可以產生效果極佳的發酵。開始攪拌後的 2 至 3 天，內部因為發酵的關係，溫度會達到 85℃，可以將雜草的種子與雜菌殺死。

以前發酵過程中的原料翻面，大多都靠傳統人力，現在則交給機器處理，可以說是利用了現代化方式的傳統堆肥製造。經過 105 天的發酵期之後，黑色、無臭、乾爽、品質良好的美土里堆肥就完成了。美土里堆肥廣受一般農家與消費者的好評，以一頓 5,000 日圓，一袋 10kg 裝的，售價 500 日圓。這裡每年約生產 1,600 頓堆肥，其中 8 成都由當地農家消費。最近除了居民，外地來的訂購增加，產量幾乎不夠。

雜亂的竹林整理後環境大為改善。

運用竹子製作堆肥，必須將青竹先粉碎。

以在地菌種製作堆肥的圓形發酵槽。

有效利用公有林木材建造校舍

在 2005 至 2006 年之間，我們從約 30 公頃的林地中選用 70 至 90 年間的杉木與檜木，共取得了 630 根原木、結構用角材約 5000 根、地板材約 10000 片、壁材約 30000 片，預計在 2008 年完成了茂木中學的建造。

所有處理材料的過程，包含原木的剝皮與運出、自然乾燥場的作業，還有角材、板材的運出與製作，我們都委託森林公會在公有地上設置屋頂，採自然乾燥方式進行。比起花錢從外面購買材料，這樣的方式只需要原本 3 分之 1 的價格，就取得了所有建造校舍的材料。

取得木材後，我們委託栃木縣林業中心和宇都宮大學農學部，定期測試木材強度以及乾燥狀況，獲得了與日本農林規格（JAS）品質同等的證書。其中所採用的的木造井桁工法，是一種全新的施工方法，其安全性已經過東京大學農學部的結構強度測試，是一棟不怕地震的木造校舍。

除了拿來建造校舍的木材外，其他砍伐的木材也完全不浪費。我們將用不到的木材銷售出去以獲得收入。在町內的木材製造廠或加工廠所產生的鋸木屑，以及帶皮的邊材，全部回收送到「有機物回收再利用中心——美土里館」，做成有機肥料。

因為技術的緣故，校舍有部分的建築必須使用木造與鋼筋的混合結構，但只要技術允許，我們都想辦法盡量使用木材。比如說位於管理棟 2 樓的多功能大廳以及圖書館，為了利用整根原木營造出大空間感，是全日本第一個採用木造井桁工法施工的。

至於校舍的內部裝潢，因為使用原木而非合板，為了避免妨礙原木的吸水與排水特性，室內完全不使用石化系塗料，而是以米糠和荏胡麻為主要原料的自然塗料。學生使用的書桌、椅子，或者原木長椅、桌子等，則都是用當地產的檜木製作的。

我們在屋頂鋪設了太陽能發電板，其發電量可達到 20 千瓦，並可從監視器畫面上看到發電狀況。此外，兼顧自然換氣、節能照明的設備，對於學生的環境學習有很大的幫助。

採伐公有林樹齡約 70 至 90 年的林木，建造茂木中學。

森林管理因地制宜

　　保護森林的方法有兩種，一種是
絕不以人力干涉的自然保護，二是
運用種樹、管理、砍伐等行為進行人
為保育。這兩種區域的保護不能混為
一談，必須做明確的區隔並進行有計
劃的保育。茂木町有 70% 的土地都
是介於平地與山區之間的「中山間地
帶」，需要花費較多的人力進行管
理。因此為了永續經營里山，我們須
將里山的資源循環結合當地的經濟活
動來進行管理。

　　我們希望能夠利用里山的資源製作
堆肥，讓農地重生，並在重生的農地
上種出健康的蔬菜，讓消費者有良好
的食物來源。除了購買落葉或木材作
為堆肥的原料，我們也利用前人們所
種的樹木做為建材。透過里山的保育
和區域資源的利用，我們不僅達到保
護環境的目的，更創造出許多工作機
會。

　　為了達到更好的效果，我們將各
項成果數據化，並與所有居民共享
資訊。有了實際成果的展現，居民們
讓實際感受到自己居住的地區正在進
步，愈來愈熱衷於投入環境保護活
動。透過紮實的環境教育來培育人
才，讓他們思考如何與大自然共生，
並將大自然環境傳承給下一代。

砍伐後杉木的剝皮作業。

自然乾燥杉木板材。

茂木中學校舍外的露台。

正視流失危機，千葉保育谷津總動員

搶救河谷田生態，重現孕育傳統文化的里山景觀

關東地區台地河谷是傳統聚落與耕植文化起點，生態與農田隨都市開發遭到污染與棄耕。千葉縣產官學界為守護里山，聯手展開保護行動…

分類　🌱 自然環境　✏️ 環境學習

再生對象 里山 梯田 環境教育

關東地區常見河谷地形

在日本關東地區，經常可看到以樹狀方式嵌入台地的淺河谷。這樣靠洪積台地和沖積地形成的細長河谷地形，被稱為谷津。谷底的水田生長區則被稱為谷津田，自古以來生產稻米。谷津田兩側斜面處林地的景色隨四季而變化，這一整片綠帶孕育出動植物豐富的自然環境。

關東地區的西部有一些被稱為「谷戶」的地方，這些「谷戶」其實和谷津一樣，意指小型的河谷地形以及在河谷間開闢的水田。不同的是，谷戶是指位於丘陵或山腳下的河谷地帶，大多都往河谷深處開墾，呈梯田狀。相對於泥水層厚的谷津溼田，谷戶田稍微不那麼濕潤。

在關東地區的谷津地形包括北總台地、常陸台地、武藏野台地。在距今約 10 萬年前，這些地方是古東京灣的淺海海底。現今台地的地盤，是當時從四周流進來的土砂以水平狀堆積

起來的海底層，最上層是以火山灰和灰塵為主的關東壤土層。兩萬年前的寒冷期，這裡漸漸成為陸地，後又經了河川的侵蝕，谷津最初地形就這樣形成了。

淺河谷是孕育文明的起點

在大約 6000 年前的日本繩文時代，因為氣候暖化，全球海平面上升，這些谷津低地變成了潮間帶或濕地。這裡的海產資源豐富，提供人們不虞匱乏的食物，於是有愈來愈多人在這裡居住生活。東京灣沿岸遺留下世界罕見規模與密度的貝塚，都是在這個時期形成的。之後的彌生時代，海平面退去，大部分的潮間帶變成了濕地，進一步被開闢成谷津田，成為人們賴以維生的基礎。

「里山」是以日本農村常見的聚落為主體，再加上森林、農田、河川、沼澤而形成一體的複合式領域。在里山，雖然人們長期利用自然資源，卻能夠與大自然和平相處、共存共榮，

並從中孕育出豐富的文化。不管是水田的環境創造，或是有計劃的資源利用和守護自然文化，種種做法都使得生物多樣性能夠獲得維持和延續，是讓能量資源可以自然循環的永續性生態典範。

谷津田附近的林地，提供了許多鳥類絕佳的覓食與棲息環境。有記錄顯示，這裡曾經是東方白鸛和朱鷺（鴇）停留的地方。因此千葉縣內不但有稱為「鴻巢」、「鴇谷」的地名，還有許多叫做「鴇田」的地方。

谷津田面臨生態破壞與棄耕

1960年代，由於經濟高度成長，都市近郊的谷津田不是被填土開發成住宅區，就是被當作蓄洪池。1980年代以後，谷津田也被列為土地改良的對象，水路受到管控。這樣的改變，不但影響了谷津田水邊生物的棲息和繁殖，也阻斷了水路，破壞了水環境的連結。而農藥的大量使用，也導致周遭環境受到化學物質的污染。

雖然土地改良提升了農業的生產效率，但因為日本糧食的供給大量依賴

曾被稱為「鴻巢」的千葉市「大草谷津田生物原鄉」，希望能吸引東方白鸛再度飛來停留 (2010 年 6 月)。

外國進口，所導致的農業困境直接衝擊了種稻的農民，使得谷津田漸漸出現棄耕地。1990 年以後，愈來愈多的谷津田遭到棄耕，甚至變成了家庭垃圾和產業廢棄物的丟棄場。這裡原本是人們飲用水和農業用水的水源，更是糧食的產地，如今卻變成了連有害物質都包含其中的垃圾場。近年來，由於棄耕的田地愈來愈多，有些甚至還變成了山豬等野生動物的棲息地，對周邊的農作物造成許多傷害。

千葉為谷津田保護全面動員

想要確實的復原生態系，必須要有完善的計畫與行動，從現狀的掌握、評估、目標設定以及具體對策，還有後續的管理過程都是必要的。

① 由產官學聯手推動保護行動

1999 年 10 月，「CHIBA‧谷津論壇」成立，成員有農家、市民、學者、政府行政人員等，致力於谷津田的保護與傳承。參與者認為要保護谷津田，就要先瞭解此處的自然環境及其所孕含的傳統文化。一開始，他們先到土地開發的現場，和當地民眾站在一起呼籲保護谷津田的重要性。而後從專業領域提出科學數據，讓政府機關正視並展開保護谷津田行動。

1997 年，千葉市彙整了全市的野生動植物棲息與生態系調查報告書，指出在谷津田有許多動植物棲息。根據這份報告書，千葉市在 1999 年訂定了千葉市內野生動植物保護指導方針，據此制訂更具體的保護方案。其中包含 2002 年制定的「大草谷津田生物原鄉基礎建設構想」，並依此著手進行千葉市大草地區的谷津田自然保護基礎建設工作。接著，2003 年完成了「谷津田自然保護施策指導方針」，依此規劃自然環境的保護區，到 2010 年 3 月為止，總共劃定了 24 個保護區。

千葉縣的我孫子市，在 2000 至 2002 年間實施了谷津田等自然環境的調查，並於 2002 年 3 月發表了「我孫子市谷津博物館事業構想」。接著 2003 年 5 月，成立了谷津博物館事業推動專家會議，積極納入專家意見，並於 2004 年 5 月成立了以市民、NPO 為主體的「我孫子市岡發戶‧都部谷津博物館之會」，負責谷津田的保護管理工作。

佐倉市於 2000 年 7 月彙整了自然環境調查報告書，並於 2004 年進行了以保護津谷田環境為目標的調查。2006 年制定「佐倉市谷津環境保護指導方針」，並根據此方針開始了「畔天谷津環境保護基礎建設事業」。

先對整個地區實施全面性的自然環境調查，再經由調查的結果制定環境保護的指導方針或構想。再依照這些方針及構想，結合市民、行政單位和

谷津底部湧出的水源，形成特有的水環境。　　兼具水路與稻田功能的佐倉市「帶田」。

(左) 以前使用的水泥造水路 (2009 年 9 月)。(右) 我孫子市「谷津博物館」的建造，以自然再生方式重現的水路。

學者，開始推展谷津田自然保護的活動。

② 閒置谷津展開生態復育

千葉縣立船橋芝山高中，是一個位於市中心周邊的衛星城市學校。這裡從前是一個典型的谷津地形，又因為芝山高中的校舍蓋在台地上，所以校園裡有一部份是谷津地形。這一片谷津面積約 600 平方公尺，已經被閒置了 20 年，除了長滿蘆葦，還可以看到被丟棄的垃圾。1999 年開始，在學生的主導下，希望透過自然復育的方式，把這片谷津打造成生態池以及教育的園地。

原本被閒置的谷津，具有豐富的湧泉，我們在這裡發現了漢氏澤蟹、渦蟲，牠們幾乎都生長在蘆葦田內。復原後的谷津，我們將它取名為「里山生態園」，農田、水路、以及許多小水池都被復育成功，有部分蘆葦田也隨同斜面林被保留下來。除此之外，為了維護動物的數量，我們還從外部引進了平家螢、日本林蛙、青鱂魚等。經過一連串的谷津田復育活動，效果於 2007 年逐漸顯現，那時發現日本林蛙所產的卵塊數居然高達 120 個，當年的 7 月還舉辦了賞螢活動，邀請各區域居民前來觀賞平家螢。

根據紀錄，目前為止在這裡所觀察到的昆蟲類總共有 450 種、植物約

150 種、鳥類 11 種、兩棲爬蟲類 4 種、哺乳類 2 種。這片谷津田園區不僅是都市裡生物多樣性的據點，更是學生親近自然的教育園地。

另一個復育成功的例子，是位於房總半島南部的夷隅川流域。這裡是一個自然景觀豐富的地區。近年來卻因為人口外流與高齡化，棄耕的農田和林地愈來愈多，甚至受到山豬等鳥獸的為害，棄耕周圍也連帶受到影響，最終導致農村活力降低。這個區域於 2008 年開始執行「傳統谷津田迷你環境馬賽克復育事業」。參與成員的工作主要有剷除雜草、復育谷津田、疏伐坡地的斜面林、清除林中雜草。復育事業開始得不久後，我們便發現了東京山椒魚的卵塊，山豬出現的次數也大為減少了。

除了上述這個例子，我們也有在掩埋場上方復育谷津的實例。2003 年 4 月，東京電力公司以創造一個「和都市中的生態系相互調和的民眾休憩園地」為目標，規劃了發電廠區內約 18 公頃的「生物棲息空間 SOGA」。現在，這裡有谷津田、水路、水池、果園和農田，整個園區由樹林圍繞，不但是兒童們體驗種稻過程的園地，也成為許多野生動植物棲息繁衍的場所。紀錄顯示目前園內植物約有 150 種、昆蟲類約 100 種、鳥類約 50 種。

從糧食自主與里山生態重視棄耕問題

日本有一個少見的現象，有然有60％的糧食必須依靠外國供應，但卻有愈來愈多的棄耕地。從前的日本以都市的發展為中心，而當經濟進步到一定程度時，人們又轉而關注里山與里海的生態環境。如何妥善利用現有環境，讓自然與人類和平共存，是日本的國土政策中最為優先的課題。

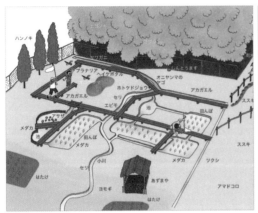 

(左) 千葉縣船橋芝山高中「里山生態園」的谷津田自然復育圖。(右) 夷愉川流域中發現的東京山椒魚的卵塊 (2009 年 2 月，中田秀彥攝影)。

(左) 東京電力公司千葉火力發電廠區內的「生物棲息空間 SOGA」規劃初始 (2003 年 4 月，東京電力公司拍攝) 的樣貌，以及 (右) 園區打造後開闢的谷津田。

築夢於荒廢之地，東京下町夢之島的故事

四十年打造東京下町的自然奇蹟

很難想像，現在遊人絡繹不絕的夢之島，幾十年前只是一片荒蕪的海上孤島。如何利用人為力量，配合自然生長，將垃圾島變成夢之島？

分類 🌱 自然環境

再生對象 町山　都市

四十年的夢之島草創

位於東京江東區的夢之島公園和夢之島熱帶植物館一帶，在戰後不久還只是一個默默無名的地方，現今已搖身一變成為熱門的觀光景點。筆者目前負責夢之島熱帶植物館的營運管理工作，前一陣子，剛從植物館的倉庫中找到了公園興建當時的施工照片，都是一些富有歷史感的深褐色老照片。

1974 年左右，在江東拍攝的照片。當時熱帶植物館周圍還一片荒涼，雖然周邊的建設尚未完成，但能看出夢之島大橋和大馬路「明治通」已經開通，而且有許多施工用的大卡車在路面上通行，向更遠處望還可以看到辰巳社區。當初因為缺少基礎設施，沒有吸引很多人到這邊居住，反而讓大自然有機會在這裡扎根。超過 2 萬棵尤加利的樹苗，還有為了對抗鹽害，人們種植的許多耐鹽植物，包括馬刀葉椎、樟樹、海桐、珊瑚樹、金合歡樹。

在人造空間創造自然生態

1 椰子樹長成時間較長

相比 1988 與 1991，可以發現椰子樹在這幾年並沒有明顯的成長。那是因為椰子樹這類的植物，在一開始不容易生長，而是要等根部先長粗，莖部才會開始快速成長。

另一方面，香蕉這類草本植物在溫室內長得出乎意料的好，其中熱帶植物如黃金葛、琴葉蔓綠絨長得茁壯巨大，甚至影響到了大王椰子。

2 熱帶植物在溫室快速成長

直至 2010 年，溫室已建造完成逾 21 年，其中最高的椰子樹目前已經有 22 公尺。據說是因為樹實在長得太高，把天花板的玻璃都撐破了，我們只好砍掉其中一部份。由於溫室中沒有風，植物的生長並不會受風吹的影響，加上高溫高濕提供了植物絕佳的生長環境，成長速度遠比熱帶地區還快。

颱風是園區植物的大考驗

2009 年，第 18 號颱風過境關東地區，帶來了很大的災害，夢之島園內有 39 棵樹倒塌。伴隨著大雨，強風在清晨 3 點鐘左右，將樹幹直徑 130 公分以上、樹高大約 20 公尺的樹木連根拔起。幸好樹傾倒的時間，是在公園人潮不多的時候，否則造成的後果更加不堪設想。

這些樹木雖有巨大的樹體，根卻長得很淺，沒有巨大垂直深入地下的直根。這種樹不但長得快，開出的花朵香味獨特，對於吸引公園的人潮有很大的幫助。

通常樹木一旦長成了森林，就不容易倒塌。但是尤加利樹的特色是一旦迎風面的樹倒塌並壓到隔壁的樹，就會產生骨牌效應，擴大災害。當時所種植將近 2 萬株苗木，在 1979 年的第 20 號颱風過境後，有半數都因風災而摧毀了。

早期人類干擾少，養成有機黑土

夢之島距離東京車站只有不到半小時的車程，是著名的觀光景點。從前的夢之島是個陸上孤島，附近沒有住家，也沒有人會特地來到這裡。正因為這樣，將近數十年之間，森林裡的落葉不斷累積。原本是填上紅土的地方，已有 15 公分左右已經有機化而變成了黑土，素有森林土壤之王的蚓蚣也出現了。

夢之島溫室變遷

建設中的大溫室。

1991 年左右的樣貌。

2010 年 6 月的樣貌。

這或許表示自然的力量已經創造出了真正的大自然。椿類、海桐、珊瑚樹、青桐、馬目樫、蚊母樹等等，到處都看得到的都市綠化樹木已經以自然的樹型長成大樹了。開出許多花、結成許多果，吸引許多鳥類來覓食。看！垃圾之島是不是已經變成了夢幻之島了？！

維護溫室採取的土壤改良方法

1 通氣 (aeration) 工法

從 2006 年開始到 2008 年，連續 3 年，選定 100 個地點施工，利用自動噴霧器以高壓噴氣體的方法通氣。

2 鑽孔工法

於 2009 年，利用鑽孔岩心鑽鑿工法，鑿出 50 個直徑 20 公分、深約 40 至 80 公分的縱穴深層施肥。

3 換土法

這是對於狀況特別不好的樹木所進行的全面性換土工法。園內著名的象竹，連續兩年沒有長出竹筍，葉子、竹幹也失去光澤。判斷應該是根部糾結和土壤變硬所造成養分不足。於是我們把竹子分成四區，進行了深度 80 公分的換土。

或許是因為突然受到了刺激的關係，竹葉全面換新，竹幹也恢復了原先的綠色光澤，竹筍也在 2010 年 7 月 27 日冒出，三個月後已長得枝壯葉茂。

工法的實施狀況。

土壤改良前。(2009 年 5 月 30 號)

土壤改良後枝幹恢復綠色光澤。(2010 年 1 月 25 號)

園區內巨大的海桐。

巨大的珊瑚樹。

大型開發住宅也能打造自然公園

結合綠地管理與社區經營，在都心打造與自然共生的家園

　　大型開發計畫不是只能帶來水泥叢林，東京都中心大陽城社區在建築群中心有著廣闊綠地，社區居民合力照顧下，打造出都市裡的自然森林。

分類　🌱 自然環境

新開發的城市森林

　　太陽城位於東京都板橋區的中央，是一個高樓集合住宅，面積為 12.4 公頃，居民約有 6,200 人。社區就在武藏野台地邊緣的梯狀斜坡上，被東西兩側的台地包圍，形成一個南北向的細長低谷地形。谷地的高度由北往南逐漸攀升，是一個高低差為 15 公尺的起伏地形。

　　位於街區中央的大片綠地，幾十年前還是一片禿山。在 1997 年，約有 90 位成員成立的太陽城綠地志工（Sun city green volunteer）。從那時開始在四周廣植樹林，再加上大家齊心協力悉心照顧，當初種植的草木如今已茁壯成樹海。

　　每週會有 20 名志工輪流，負責綠地樹木的修剪、疏伐、補種和清除枯枝等工作。我們不會將處理後的枝葉當作垃圾運出，而是留在綠地內循環再利用，例如用來堆肥、栽植香菇、燒製木炭，還有做成擋土柵和生物棲息空間。種植出的香菇和燒製後的木炭可以賣給居民，而販賣的收入歸管理委員會所有。

　　志工們的工作不只有管理雜樹林，還要照顧建築物周邊的植栽與花壇。這片城市中的綠地，就像人力創造出來的「都市森林」一樣，因為人們的參與和關照而存續下來。

將綠地建在社區中央的大膽設計

　　在社區的中央設置大型綠地，將房子建在外圍的，在當時是一個少見且大膽的設計。這裡原本為化學工廠的所在地，斜坡上雖然有一些既存的樹林，但整體而言，這還是一片經過人工改造而形成的林地。開發業者聯合居民舉辦種樹活動等綠化工作。也因為表土有事先經過改良，所以樹木生長情況非常良好。

　　整個綠地佔社區面積達 36%，綠化後的首要之務是管理，建立一套可以長久經營的維護管理制度。做為

(左) 太陽城居民分十期入住，入住的居民經過多次種樹活動，逐步完成禿山綠化工作 (1977 至 1980 年)。(右) 太陽城綠地志工長年推展各種綠化活動。

社區不是把綠地設在建築物的外圍，而是設在社區中央，房子建在外圍。大一點的樹，是把先前留下來的樹移植過來的。居民剛住進來時，中央的綠地就像這樣光禿禿的 (1979 年)。

一個住宅區內的綠地，不但要具備自然的特性、休閒功能、社區文化，還要考量安全的設計。筆者參與了陽光社區的設計過程，在長達 37 年的歲月中，已與這個社區的一草一木培養了深厚的情感，也和居民成為了好朋友。

重建自然綠地的三個設計

1 將新舊居民緊密串連

一開始，是以「社區營造」、「綠地保護與恢復」兩個主要理念來貫徹整個計畫。社區營造的部分，我們希望能夠將新舊居民串聯起來，因此將公共設施配置在綠地周邊並開放民眾使用。車道則配置在社區的最外圍，中央綠地被所有的住宅大樓包圍，並設有安全、舒適的樹林空間。而樹林中有廣場、兒童遊戲區、文化中心等供居民使用，讓社區和綠地形成一體。

2 建造生物的「避難所」

在綠地的保護與恢復計畫當中，為了保留原本梯狀斜坡綠地的自然環境，我們採取了「以開發讓自然重生」的手法，推動武藏野林的保護與復育工作。我們把僅存林地的一部分保存下來，做為綠地建造時期生物的「避難所」，在綠地營造的期間提供生物暫時的棲所。新設置的綠地長成森林後，生物也慢慢地開始拓展生長

空間，這裡已然變成周邊環境的生物最喜歡的棲息空間。

3 十年樹木，百年樹人

1996 年，我提出了「由居民組成的管理志工」構想。志工活動開始後，為了讓居民能以輕鬆的態度參加，並讓組織可以長期延續下去，初期以舉辦趣味性的活動為主。等到志工運作步上軌道後，我們便開始將活動重點放在管理技術的提升，還有提高社區全體居民認同，以吸引更多人的加入。

隨著愈來愈多人願意投入志工工作，活動範圍也跟著擴大，原本我們只是單純的種植樹木，後來也開始舉辦研討會還有環境教育活動。此外，我們還積極對外宣傳，例如在學會、報章雜誌、電視媒體上發表文章或接受採訪，擔任演講會的講師，參加各種評鑑活動。經過這許多努力，志工活動不但獲得外界高度的評價，也得到了居民的認同。

高定居率歸功於好的社區營造

之所以會有綠地建置的構想，是因為在設計比圖時，我們提出了融入景觀設計概念的建築計畫。整個太陽城的建設歷時九年完成（1972 至 1981 年），原來的樹林被保留下來，成為茂盛的雜樹林。由此可見，建造新社區不一定需要破壞原本的自然環境，

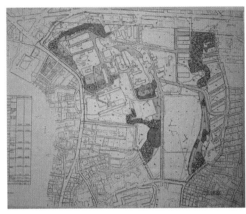

(左) 社區基地部分斜坡上雖留下原生樹林 (黑色部分)，但整體而言仍是一個人工改造的地區 (1972 年)。(右) 社區建地原為化學工廠用地，雖有一些樹木，但整體看來就是長滿了葛藤的荒地 (1973 年)。

居民一起在社區中庭種下的樹，現在已長成了壯觀的雜樹林。　　志工們注重的是生活的樂趣和意義。

重生的金蘭花 (左)
與龍爪花 (右)。

而是可以透過計劃與執行，在原有環境中建造出舒適的居住空間。

被建置在綠地中的公共設施，變成了活絡社區居民情感的據點。大約35年前，日本房價上漲，換屋率很高，鮮少民眾有定居的打算。但在當時，太陽城則以發展成定居型的住宅社區為目標，提出了「創造故鄉」的理念。憑藉著良好的環境和居民間深厚的情感，吸引了許多買房族，以常住為目標入住陽光社區。

在太陽城社區，有些住戶把已經自立門戶的兒女邀來同住，有些人則把住在鄉下的父母親接來。這裡每天都有不一樣的活動在進行，擁有優質的自然與居住環境，再加上溫暖的人際關係，「舒適的居住感」成就了這個社區的高定居率。對於已經是30年的老社區來說，能夠維持一定的房價而沒有下跌，主要的原因歸功於社區綠化的營造成果。

專業人士參與功不可沒

太陽城的綠地營造，除了要歸功於志工們的熱情參與，還要感謝專家的協助，以及業者與管理委員會不遺餘力的支持。

營造綠地過程中，我們會尋求各種專家的意見，並向他們學習相關技術。至於日常維持與管理作業，管理業者會邀請當地的造園師也一起進行。透過各種活動，我們也培育出了具有高度專業的志工。在組織劃分上，管理志工屬於管理委員會的執行組織，執行社區公共業務。由管理委員會提供活動資金，而銷售所得與取得的補助金，則是屬於管理委員會的收入。

根據上述結果，成功的社區營造需要有以下幾個條件：①在必要時請教專家，讓專業的輔助使活動進行更順利、②創建管理委員會，更有效率的推行活動、③讓志工在服務活動中找到樂趣與意義。

除綠化環境之外更形成社區意識

1 社區營造的議題包羅萬象

這個活動如果要延續下去，重點在於「與住宅區相襯的森林綠地」、以及「訂定管理和營運計畫」。社區營造活動，包含許多議題，例如：資源的循環利用、高齡居民的生活意義、活動成本的縮減、生物共生，健康運動、居民參與以及環境學習等。為了讓這項活動能夠傳承給下一代，我們必須讓活動意義與價值更加顯著。

2 志工活動報酬：便當、啤酒、好朋友

太陽城社區位於東京都核心地區住宅區的正中央，種植有園藝景觀用的

花草樹木、人為引進的車前葉、山慈菇，以及自然重生的金蘭花、龍爪花等野生植物。除此之外，這裡還生產木炭、栽培香菇以及竹筍，創造出特有的「都市共生型雜樹林」。

社區的許多志工都是已從工作崗位上退休，但身體仍十分硬朗的高齡者。他們注重的是「生活的樂趣和意義」，並非實際上的報酬。雖然如此，志工也並非完全無償的勞動。

擁有多方的支持，志工活動於每周末執行一次，作業時間是上下午各兩小時，午休一小時。午休時間會提供便當及一杯啤酒，結束後再提供一杯啤酒。雖然便當與啤酒只是小小的報酬，但這項活動珍貴的是讓高齡者有了彼此交流的機會，陽光社區的營造模式，不僅降低了活動的成本，更加深了居民情感，相信這個方法值得更多團體借鏡學習。

（左）早春的町山，在居民營造的雜樹林中，開著美麗花朵的吉野櫻。（右）社區中心，從原本的禿山變成了茂密的樹林。圖中的新綠會隨季節變成萌黃→深綠→紅葉→葉子全部掉光→櫻花盛開的景象。

將道路邊坡種成綠帶

兼顧防止土壤流失與在地植栽的復育工程

人們為了生活便利在大地開闢各種建設，貫穿了山林平野的道路邊坡，除了工程目標之外，是否也能找到復原為自然環境的可能？

分類　🌱 自然環境　✏ 環境學習

再生對象 里山　環境教育

人為開發所造成的地表裸露

日本位於亞洲季風區東端，受到地理位置的影響，氣候高溫多雨。且因為日本國土超過 70％以上是丘陵與山地，森林資源豐富，孕育日本豐富的文化基礎。

由於富裕的現代生活要求方便、舒適，隨著社會基本建設愈來愈齊全，森林的開發與破壞也不曾減少過。丘陵、山地被剷平，用來做為住宅用地、工商用地、蓋工廠，接著又鋪道路、建水庫。人們為了取得更多能開發的土地，提高生活的便利性，不斷將森林開挖剷平，如此不僅造成地表裸露，動植物的棲息地也因此受到破壞。

道路坡面的綠化，是指在人為開發所造成的道路陡坡上種植植物，增加地表覆蓋率。等到植物根部生長發育後，就可以產生抓地力，將土壤牢牢抓住，避免土壤受到雨水與強風的侵蝕，減緩降雨時地表所受到的衝擊。

之所以會有邊坡綠化的想法出現，是因為日本戰後開始引進大型土木機具進行開發，導致開發地出現了大規模的人為道路邊坡。當時的邊坡綠化有兩個主要的訴求：①花費不昂貴、②能夠有效防止土壤被侵蝕。其中，在地表上栽種植被植物是最為便宜的，因此植被就變成了邊坡綠化的標準工法。

外來植被無法適應環境，生長速度慢

由於日本氣候高溫多雨，大自然的恢復力驚人。如果在遭受破壞的地表上栽植植物，大約經過二三十年，就可以長得和開發地周邊的人為再生林一樣茂密。但是隨著生活越來越富裕，人民對於邊坡綠化的要求也越來越高，已沒有耐心等待大自然長時間的恢復。因此，現在的邊坡綠化除了要能有效的防止土壤被侵蝕，還要能快速的恢復植物生態。

原本的邊坡綠化是種植外來牧草，

施工前　　　　　　　　施工 5 年後

千葉縣君津市，道路坡面綠化恢復自然的實例。

使用外來牧草快速綠化的
道路邊坡。

(左) 挑選在地種苗進行培育 (NEXCO 東日本橫濱工程事務所)。(右) 在道路邊坡上的
種植苗木 (斜林基礎工法)。

因其發芽與生長十分快速。但實際種植後，發現外來植物必須學習適應新環境，發芽的狀況參差不齊，初期的生長速度也相當緩慢。在對綠化要求提高的情況下，這樣的方法並不普及。那如果不使用外來牧草，而使用當地植被的話，又會遇到什麼問題，應該怎麼解決呢？

道路坡面自然環境復育的綠化手法

1 避免外來苗木

為了要確保日本的生物多樣性，在苗木的選擇上，即使是同一品種，也應該儘量避免使用外地培育的苗木。因此在進行道路邊坡自然環境復育時，最重要的就是取得在地苗木。但由於地方性的苗木流通範圍窄，市場性不高，取得並不容易。因此在進行道路邊坡的自然環境復育時，我們除了直接取得當地種植的苗木，更重要的是採集周邊樹木的種子，事先進行苗木的培育。

2 隨地表改變挖掘深度，讓植物順利生長

剷土後的坡面，在完成綠化的基礎工程後，就要進行種植在地性苗木的作業。如果坡面的表土屬於硬質岩盤，所以在將苗木種入土中後，還必須以噴霧的方式在苗木周邊噴灑一層厚軟的生長基座，當作苗木生育的基礎。

3 種植在地特有的苗木

在進行陡坡的剷低、剷平作業時，應避免做齊一式的挖掘，而是應該隨地表的地質狀況或沿著裂縫進行剷土，以便日後種植的植物根部能夠順利生長。另外，就算是不易植栽的硬質邊坡，也要同時進行綠化的基礎工程，以便未來植物能夠種植、固定。

根據自然環境尋找最適合種植的植物

「橫濱環狀南線剷土坡面之樹林化復育檢驗計劃」主要由橫濱市、高速道路關連社會貢獻協議會、東日本高速道路株式會社關東支社橫濱工程事務所共同進行。

原本預定要種植日本常綠橡樹這一類常綠闊葉樹做為喬木層，但因為孟宗竹長得太過茂密，導致喬木層呈現荒蕪狀態。後來經過植被、地質、樹木根系的調查，發現這裡原本是麻櫟發芽長成的樹林，它的枝葉木材適合做為薪炭之用。後來因為有了媒炭、石油等石化燃料，沒必要再栽植薪炭林，這片樹林也就這樣被棄置了。

基於上述調查結果，團隊決定以培育低矮的落葉灌木林作為短期目標，接著種植麻櫟這一類的落葉樹林。最後一個階段再引進合適的植物，藉助大自然的力量，讓這裡恢復成常綠樹林。

(上)橫濱市榮町公田附近的斜面林與竹林、以及發芽株的狀況。(中)小學生的種樹紀念與環境學習活動。(下)苗木種植後,在苗木周邊噴灑生長基座的作業(置苗噴灑作業)。

我們與鄰近的小學合作，不僅在教室內向小學生介紹當地植物，更邀請他們一起在填土處種樹做為紀念。透過種樹的行為，可以讓孩子理解綠樹的重要性。不斷累積這樣的經驗，將會建立一種想要守護並培育在地綠色植物的文化。

陡峭的岩盤地也能進行綠化

位於宮城縣仙台市郊外的縣營南川水庫，有一面石山殘壁，原先是用來採碎石的。這裡是一個坡度約 80°硬質岩盤地，綠化相當困難，經過一段長時間的努力，最後採用了「點、帶（條）狀綠化」幫助自然擴張的手法，於有了成果。

一般所謂的道路坡面綠化，是將整個坡面進行全面性的綠化及覆蓋。但因為這裡是一個陡峭的岩盤地，並不需要進行水土保持以防侵蝕。因此局部性置入植物生長基座，透過人為的方式預留適當間隔空間，周邊的植物自然會生長過來，藉此慢慢完成綠化。

像這類地理條件嚴峻的地方，如果放任不管，就會造成岩盤長時間裸露在外。相反的，如果局部性置入一些點狀或帶（條）狀的植物生長基座，並預留生長空間，植物就會開始成長茁壯。二十年後，雖然這裡的植物高度尚低，但已經形成了和周邊的植物生態一樣的植物群落。原本的殘壁坡面已被植物覆蓋，自然植物生態以及景觀都已經恢復。

道路坡面綠化的展望與課題

1 並非一蹴可幾的道路坡面綠化

以上所介紹的方法主要有兩種，一是採集現場周邊的種子進行育苗，二是點、帶（條）狀綠化。這兩樣方法都需要三到五年的等待，並不是一蹴可幾的。從種子採集與育苗等事前準備工作開始，從施工到綠化完成，需要耗費很長的時間。因此這樣的方式只適合在大型計劃中進行，並不適合一般的計劃。

2 開發之餘盡最大的能力保護自然環境

過去，道路坡面綠化工程都交由進行開發的行政單位和企業來進行，然而，道路坡面的綠化畢竟是構成地方與故鄉自然景觀的一部分，因此活動也試著融合在地居民會來進行。

經濟發展與自然保護總是時有衝突，為了創造更多的生活場所，想必丘陵或山地的開發活動仍會繼續。在無法避免開發的情況下，我們應該盡其所能地保護完整的森林，並恢復被破壞的邊坡。

點、帶（條）狀的綠化手法

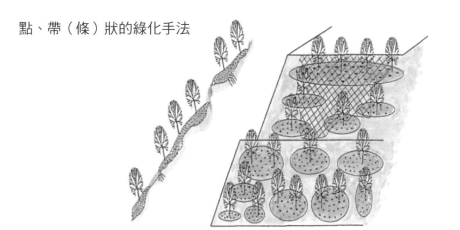

點、帶 (條) 狀綠化模式圖

(左) 南川水庫岩壁綠化施工初期 (5 年後)。(右) 施工約 20 年後。

種植地方性特有種苗的道路坡面綠化實例，(左) 公田的樹林復育實證試驗，(右) 裏高尾中央快速道路 (施工 5 年後)。

重建植生護岸，蘆葦田重現橫濱

克服海波侵蝕，在河海交會處建造生態棲地

　　橫濱的植生護岸，原本只預計復原河邊的蘆葦田，卻因為小朋友們的一句話，打造了一個螃蟹樂園⋯

分類

再生對象

容易受到破壞的都會河川

　　帷子川全長十七公里，發源自橫濱市旭區青葉台，流入橫濱港北邊的瑞穗埠頭。日本平安時代，帷子川的河口位於現在的天王町附近，是個相當繁榮的地區。到了江戶時代，河口處設立了船舶停靠區，是當時薪炭的集散地。江戶末期開始到明治時期，這裡進行了河寬與河身的改造工程，並在河口部分到入海口（袖之浦）之間進行了填土造地的工程。後來又經過好幾次的改造，才形成了今天的樣貌。

　　河海交會區，也是海水與淡水的交會處。鹽分較少的河口區，一般都具有獨特的自然生態環境，在海域及河川生態系的維持上扮演重要角色。但是像帷子川這種都會河川，常因為都市附近護岸、填土造地等開發案的進行，導致生態環境遭到破壞，且從未有過具體的改善計劃。因此對於河海交會區周邊的自然生態環境，相關的處理幾乎處於停滯狀態。

讓蘆葦重回水邊

　　橫濱市於 1991 年舉辦了港邊公園（portside park）的設計比賽。比賽的主題，是以「創造與發表文化藝術空間」的概念來打造橫濱港周邊地區。其中一項名為「讓蘆葦田重回水邊」的設計獲得了第一名。這個構想獨特的設計希望打造出一個植生護岸，當時是日本少見建造出生態棲地的案例。

　　1980 年代，泡沫經濟時所進行的開發對環境帶來的負面影響開始出現，日本舉國上下都有了環境保護的意識。所幸當時政府與民間在資金上不虞匱乏，對於環境問題的處理也都採取相當積極的態度應對。環境問題在這個時間點開始受到重視。受惠於這個時代的背景，設計比賽中拔得頭籌的植生護岸工程因此能夠具體實現。

　　這個工程的所在地，由橫濱市港灣管理局所管轄，不論鹽分濃度或潮水

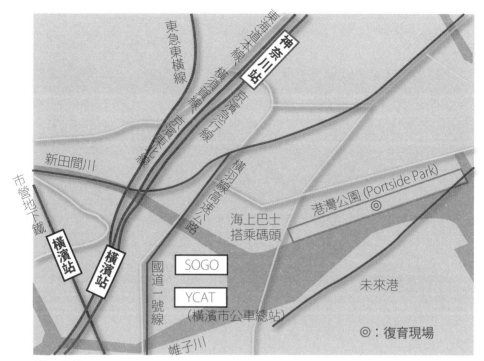

帷子川河口

位變化，自然環境條件幾乎與海水一樣。其中與海水的相異點，只有河口區在豪雨時容易受到河川水位上升、流速湍急與漂流物的影響。此外，水上巴士以及工程用的船舶航行時產生的航行波，也會帶來影響。航行波分為兩種，一是直接聚集過來的波，另一種是打到護岸後回沖的波。在這個計劃中，主要會影響工程的是回沖波。

夢想在太平洋的中央種出蘆葦田

植生護岸的構想雖然好，卻需要更多的實際操作來證明它的可行性，因此在設計工程前必須經過實驗應證。1993 年和 1994 年，我們選取了接近海平面的地方做實驗，但由於一直受到海浪回沖的影響，土壤受到侵蝕不斷流失，實驗一直不見成效。

橫濱市政府為了突破現狀，向一般居民、企業、學者徵求技術支援。當時日本生態棲地空間協會會長秋山惠二朗，以及建設公司研究所高木史人等民間人士自告奮勇，願意提供專業協助。

秋山會長在接受橫濱市政府的委託

護岸在成為公園之前的狀況：水邊的傾斜平地部分是護岸，寬 5.5 公尺，海拔 0 公尺，大部分時間都沉在水中，只有退潮時才會浮現。

後，在護岸上重複進行了無數次的植栽實驗，結果和之前的差異不大，土壤被回沖波帶走，實驗徒勞無功。在這樣的情況下，秋山會長向學者請教意見，得到的回覆卻是：「想在這樣的環境中營造蘆葦田，簡直就是妄想在太平洋的中央種出蘆葦田一樣」。

為了解決這些問題，高木史人認為應該聚集更多人參與實驗設計，提供更多元的意見。幸運的是，包括以杉山教授為主的日本大學與防衛大學教授群，還有建設公司、造景公司、水泥的二次成品製造公司等等，許多不同領域的專業技術人員都願意提供協助。

新加入的成員雖知道完成營造蘆葦田的目標並不容易，但仍尊重這個構想，齊心協力完成計劃。多次檢討修改設計，並在各自的研究所或實驗室進行實驗，才終於完成了營造蘆葦田的實施設計書。

小朋友們建造的螃蟹樂園

從 1996 年到 1998 年，本項工程分成三個階段進行。在每一個施工的重要環節，施工業者不斷與參與設計的成員進行商討確認，大家互相腦力激盪、合作，終於完成這項困難的事業。參與本項合作事業的夥伴們，還組成了「橫濱水邊環境研究會」並開始進行活動。

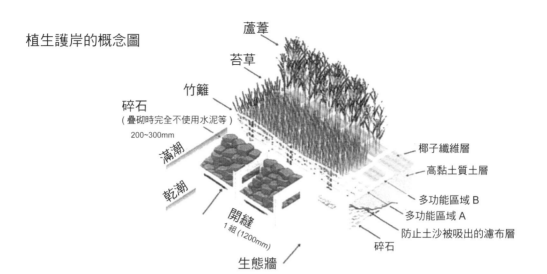

植生護岸的概念圖

蘆葦
苔草
竹籬
碎石
（疊砌時完全不使用水泥等）
200~300mm
滿潮
乾潮
開縫
1 組 (1200mm)
生態牆

椰子纖維層
高黏土質土層
多功能區域 B
多功能區域 A
防止土沙被吸出的濾布層
碎石

在各領域專家的協助下，我們設計出了不妨礙景觀的消波塊，還有多功能水泥磚塊，用來防止蘆葦在生根之前被浪沖走。另外，為了兼顧消波塊的功能與景觀，我們不使用水泥固定，而是在內側填積天然的真鶴石，並在其上方的地表部分設置竹籬芭。這樣的設計不僅景觀好看，還具有消波與防止垃圾漂進的功能，這些巧思都來自造景公司的設計。

第一期的工程完工後，我們在1997 年的春夏進行成果檢驗，效果如預期般良好。而除了驗收蘆葦田的生長結果，我們還邀請了居住在河川流域的小朋友們，在尚未進行蘆葦田種植施工的護岸上，舉辦了一場生物觀察會。退潮後的護岸，潮水仍留在低窪的地方。來不及逃掉的小魚在潮水中游來游去，還有螃蟹留在護岸，

不知該往哪裡逃。對於這些小朋友們來說，能在市中心的河口區親近大自然，是一項十分新奇的體驗。

隔年一月，我們舉辦了生物觀察會後的發表會，小朋友們異口同聲的要求，希望創造出一個螃蟹可以居住的地方。行政單位和執行計劃的成員，原本都只把焦點放在蘆葦田的營造上，但是小朋友們的願望卻點醒了我們，除了植物，還可以創造出一個動物的棲息空間。於是我們很快地修改了計劃設計，不僅要成功營造出植生邊坡，還要將它打造成「螃蟹樂園」。

原本單純的由「產、官、學、民合作」創造出生物棲息空間的蘆葦田營造工程，加入了小朋友們的意見，變得更加完整與活潑。

植生護岸完成後的兩大難題

1　調查植物生長狀況

在河海交會的河口區進行植生護岸的復育和保護，是一個創新的計劃。第一期的工程完工後，陸陸續續有許多新夥伴加入支援行列，其中包括在企業任職的植物專家、想要以此計劃當作畢業論文題目的大學生，以及對於植物完全陌生的一般民眾。

因為有這些新夥伴的加入，才有足夠的人力展開相關研究的調查活動。例如，對於已經栽種的植物，為了觀察有施肥是否對於植物的生長有影響，每個月都要測量蘆葦的高度、長度以及蘆葦株數量。確認蘆葦生長狀況的調查活動不能受天氣影響，必須每個月都在固定的時間執行，才能累積完整的數據資料。植生護岸所的數據調查結果，除了在土木學會、綠化工程學會等場合發表，也被大學生利用作為撰寫畢業論文的材料之外，一般大眾也可以取得。

在這個從未種過植物的植生護岸，除了進行蘆葦田的生長狀況調查，也附帶進行了外來入侵種植物的基礎研究。有關入侵種植物，研究發現有可能是在地植物隨著河水自然漂進河口區。從 2001 年 7 月起到 2002 年 12 月為止的 1 年半之間，入侵種植物當中，一年生的草本植物有 54 種，多年生的草本植物有 21 種、木本植物 4 種。其中有 7 種被認定可以種在河口區進行綠化，包括苦萱、掃帚菊、戟葉濱藜、野茼蒿、美國梅檀草及北美一枝黃花。

2　垃圾的清除

雖然在植生護岸的蘆葦田生長得綠意盎然，但如果走下護岸進入一看，會發現到處都是從河川上游漂下來，或漲潮時從海上漂來，以及公園的民眾隨手丟棄的垃圾。大量的垃圾有的覆蓋地表，有的妨礙蘆葦的發芽，甚至造成蘆葦乾枯、長斑點。

因此我們除了每個月定期進行植生調查之外，也要清除垃圾以保護蘆葦田的環境。但由於垃圾量大，即使植生調查已經結束，我們仍沒有辦法停止清除垃圾的工作。

到 2006 年為止每次的垃圾清除，都會清出約一百袋的量。後來狀況逐漸好轉，每一次清除都會減少二十到三十袋的數量。最初，清出的垃圾必須用人力搬運到一百多公尺外的指定場所丟棄，後來一些會員就開始用自家的車輛來幫忙搬運。現在垃圾的運送，則由本牧市民公園愛護會會長提供自家公司的船隻負責搬運，不用再由人力運送，如此體貼的做法也受到各方讚賞。

1999 年初夏的蘆葦田。

蘆葦田護岸成為螃蟹樂園。

蘆葦田的生長狀況 (2009 年 12 月)。

海鷗休息、聚集的公園。

留住水路，守護谷戶濕地的生態

神奈川恩田居民合力復育溪流

為了留住急遽消失的谷戶濕地，恩田谷戶保育社團長期陪伴農民，遊說地主保留水路，留下在地物種賴以存續的棲地。

分類　🌱 自然環境

再生對象

谷戶地區的自然與文化正急遽消失

「谷戶」是受到雨水或湧泉的侵蝕而形成的山谷地形，自古以來就被開墾為水稻田，擁有豐富的歷史和自然資源。

雜樹林、水田、小河是形成谷戶必備的三要件，即使面積狹小，也能孕育多樣的生物。這裡的水岸有數量極多的稀有動植物棲息，包括蛙類、蜻蜓類，以及螢火蟲類等物種。因此，守護谷戶的生態系統，對於保全生物多樣性具有非常重要的意義。

不僅如此，谷戶地形也塑造了獨有的歷史文化，因為有湧泉水，且不易受到洪災，自古以來就被開墾成濕田（谷戶田）種植水稻。這裡的農家生活展現了長久歷史以來人與自然彼此共生的耕植文化。

然而，谷戶卻在急速消失中。橫濱市3分之2以上的土地是丘陵地與台地，谷戶地形有 3,700 處以上，可說是橫濱的代表性景觀；但隨著土地變遷，約有 3 分之 1 已經消失了；而僅存至今能夠完全不受住宅地開發的影響，還保有固有生態系的，更是寥寥無幾了。

過去螢火蟲飛舞的恩田谷戶，如今面臨生態危機

鶴見川支流源頭、地勢開闊的恩田谷戶（橫濱市青葉區）是谷戶生態危機下僅存少數的貴重資產。

雖然周邊也面臨大規模住宅區開發，恩田谷戶到目前還是擁有雜樹林、水田、小河等必備三要件，而且也有豐富的物種在此繁衍；動物有象徵水質與水岸環境良好的源氏螢火蟲與斑北鰍，連位居里山生態系頂端的猛禽類生物也可以看到；而植物則有許多當地的代表性物種，例如瀕危物種的細辛（多摩寒葵）、昌化拉拉藤等，還有野生的珍貴蘭科植物與羊齒植物。

當然，若與 20 多年前比起來，可以看見農地開墾與墓地建造等因素，不但已經大大的改變了地形地貌，物種也減少了。橫濱北部開發壓力極大，想守護豐富的生態系非常艱難；過去可看到同時有 600 至 700 隻螢火蟲（源氏螢）群飛亂舞的壯觀場面，現在減少到只剩 100 隻左右，而有些稀有動植物，則早已經消聲匿跡了。

搶救濕地就是搶救生態

「恩田谷戶粉絲俱樂部」（以下簡稱 OYFC）從 1991 年以來，就以傳承恩田谷戶給下一代為目標。OYFC 成立後，面臨的難題是恩田谷戶多次谷底填土增闢農地，生態豐富的傳統谷戶田持續減少。

在這種情況下，OYFC 希望設法保留下維繫谷川生態命脈的小河，不斷向地主們遊說與請求，也盡其所能的提出方法，目前有三條被搶救下來的水路，見證 OYFC 所努力的成果。OYFC 的成員分別稱這三條水路為「復原溪」、「螢火蟲基金溪」、「斑北鰍溪」。

「復原溪」原是農地開墾時被填土埋掉的小河，成員們和地主長談後，地主總算同意將暗渠改為明渠而復原這條水路。而 OYFC 為搶救一條螢火蟲棲息的河川，一度成立專戶打算以募集基金購買；計畫最後雖然沒有成功，卻獲得地主善意回應，保留下其中一段河道而成為「螢火蟲基金溪」。

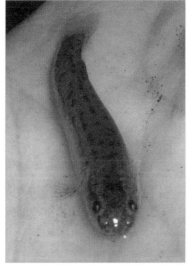

恩田谷戶 (左) 良好的水質與水岸環境，孕育出斑北鰍 (右)。

至於「斑北鰍溪」，是該小河被封閉為暗渠，原本規劃做 U 型溝，為了讓斑北鰍可以生存而改成明挖的水路。成員們努力想出各種方法，很艱辛的才將即將消失的溪流搶救下來。

長期陪伴與農家建立信賴

恩田谷戶除了公有道路外，其他都屬於私有農地。OYFC 成立初期只能在公路上用「遠眺式」的方式進行自然觀察與調查；到 1993 年，終於得到地主們同意，在農地進行一些耕地保護的行動，環境復育也從「遠眺式」得以進入「參與式」階段。

OYFC 成員們在取得同意下開始協助農家，包括製作看板和傳單以防止周邊的居民任意進入農地；並幫忙巡邏，勸離在農地上嬉戲的小孩等等。OYFC 的作法不是登高一呼，要求保存谷戶，而是以「農家的啦啦隊」自詡，努力成為長期守護谷戶農家的後盾。這樣的方式逐漸獲得農家的認同與信賴。

1995 年，地主決定開發農地，整個計劃將會開發周邊的住宅地，並用所挖出的土囤填整個谷戶底部。OYFC 和地主們持續溝通，希望「無論如何不要把小河填土」，最後也獲得同意，保留下堪稱為谷戶生命線的小溪。這個結果是 OYFC 與當地農民長期建立合作與信賴關係才有的成果。

復原溪流易復原生態難

源氏螢是谷戶生態的代表生物。未受破壞的河流源頭，目前仍有眾多源氏螢棲息；但在「復原溪」，源式螢數量驟減後還未能恢復。OYFC 在「復原溪」復育的過程中不只負擔了部分材料費，完工後也持續維持管理工作；因小溪流土砂容易堆積，還必須眾人協力，定期疏浚。

如此辛苦維持，螢火蟲的數量仍然沒有增加，我們判斷主要原因在於溪水源頭和保留的河道之間有一段暗渠，螢火蟲棲地受到了阻斷，而且淤泥清疏也使螢火蟲的幼蟲無法在河底穩定生育。

在「螢火蟲基金溪」，則是有很長一段時間不見螢火蟲的蹤影。後來由 OYFC 成員努力在這裡放生孵化成功的幼蟲，到了 2009 年才終於看到螢火蟲重回溪流的曙光。

「斑北鰍溪」則因為是從地表直接往下挖掘而成，溪水滲入土裡情況很嚴重，只要持續晴天，溪水就會乾枯。為了防止溪水滲漏，曾施作防水工程改善，雖然營造出良好的水岸環境，但因流進來的土砂量太多，以至於到目前還無法營造出斑北鰍可以生育的環境。

OYFC 以守護農家的角度舉辦各種活動，圖為谷戶清掃活動。

(右)是螢火蟲基金溪的維護。(左)是斑北鰍溪。

結合社區經濟獲得高度評價

OYFC 已經運作超過 20 個年頭，這期間非常重視與農家之間的友好互動，只要有進入農地、稻田的機會，一定會誠懇表達感謝，農村節慶時也會前往致意；遇到農民市集開張，OYFC 成員也出力協助。

這段互動過程，最值得一提的是「恩田谷戶蔬菜券」的發行。「恩田谷戶蔬菜券」是 OYFC 對參與谷戶保護運動的民眾發行的一種社區貨幣，只限在谷戶的農民市集使用，用意在讓參加者活動結束後購買谷戶產的蔬菜回家。

農民們可以把收到的蔬菜券拿到 OYFC 換成現金，所以簡而言之，是 OYFC 購買了谷戶的農產品將之回報給參與谷戶保護運動的民眾，形成了一種區域循環。

OYFC 所主導的溪流復育，把環境復育行動與對農家的支持結合在一起，獲得了高度評價，於 2004 年被選為「日本里地里山 30 選」之一。

雖然如此，大規模的填墾河谷以及周邊住宅地開發依舊持續著，谷戶環境遭遇開發的高度壓力始終不減，尤有甚者，2008 年恩田谷戶上游闢建了突兀的墓地，而且還可能擴大持續。

而且，恩田谷戶在橫濱市的綜合計畫中，雖被規畫為「7 大綠色據點」之一，法律上卻未受到完整的保護，有可能隨時被開發，使過去的努力化為泡影。

為了守護環境的生物多樣性，以及具有歷史的傳統濕田農耕文化，恩田谷戶的環境保護與復育還是需要堅持下去，OYFC 的經驗將是未來保育行動很重要參考。

OYFC 設置看板呼籲愛護農地。

在復原溪所進行的再生活動。

農產品直銷區，週末會有許多人來採買。

谷戶生態守護並孕育生物多樣性。

恩田谷戶蔬菜券是對參與谷戶保護運動的
農家發行的社區貨幣。

重現金澤八景裡，蘆葦搖曳的平潟落雁

橫濱海岸蘆葦田復育，讓鹽沼濕地生態再次豐富

　　金澤地區蘆葦田的消失讓鹽沼濕地不斷流失，復植行動不但種回蘆葦，更發現已不常見的束尾草等濕地植物以及候鳥重回濕地。

分類　 自然環境　　　　　　再生對象

鹽沼濕地生態價值與紅樹林相當

　　本篇提及的鹽沼濕地，不是學術上所說「海水與淡水交會處，出水型水生植物占優勢的潮間帶」的河口地帶，而是指漲潮時會淹沒的海邊蘆葦田。以前金澤到處是長滿蘆葦的海邊草埔地，而這些濕地，也就是浮世繪畫家歌川廣重所描繪金澤八景中，著名的「平潟落雁」。

　　沿岸區域是地球環境地圈、水圈與大氣圈的交會處，不但有多樣的自然景觀，也是生態最豐富的地方。淡水與海水交會處的河口地和鹹水地，對海洋生態來說，是生物產生有機物質最快速的場所之一。

　　尤其是鹽沼濕地，除了底部有藻類生長，地面上還有高莖濕地植物。也因為有多樣的植物群落，這裡被認為是生產力相當高的生態系，就生態意義上與低緯度地區的紅樹林相當。

　　鹽沼濕地通常出現在海岸泥灘地的後方，剛好是各種自然環境的生態過渡帶。就拿位在金澤海岸野島水路上

三浦市江奈的鹹水濕地（和照葉林帶相連）。

僅存的蘆葦田來說，前方是潮水消退後會乾涸的泥灘地，對岸是野島公園露營場，背後是水泥磚造的護岸。

製鹽產業是金澤代表性地景

沿岸區域和河口地等低濕地，因為人們頻繁的活動，大量被開闢成鹽田、水田、住宅、工廠以及機場用地。

製鹽是金澤重要的產業，從南北朝、室町時代（1336 年至 1573 年）開始開發鹽田，到江戶時代（1603年至 1867 年）新田的開發，一直傳承到明治時期（1868 年至 1912 年）。歌川廣重所畫的金澤八景中，「洲崎晴嵐」與「內川暮雪」皆出現鹽田與煮鹽的小屋，自古以來鹽田及新田對金澤鹽沼濕地的影響可見一斑。

連結著野島海岸與平潟灣的野島水路中，有一個隨潮汐變化而出現的潮間帶，它的寬度不到 100 公尺，卻形成了一片面積達 50000 平方公尺的泥灘地。

這片泥灘中有一塊面積略大於 250平方公尺的鹽沼濕地，規模不大，卻是橫濱市內唯一的鹽沼濕地，不但保留有蘆葦田，連鹽沼濕地代表性植物束尾草（Phacelurus latifolius (Steud.) Ohwi）也很繁茂。

為守護鹽沼濕地展開蘆葦田復育

1 種植的蘆葦嚴重枯萎

為了保護與復育日漸衰退的蘆葦田，1998 年 3 月我們在蘆葦田靠水側的潮間帶上，種植了蘆葦苗（Phragmites australis(Cav.) Trin. ex Steud.）。然而，蘆葦苗發芽後卻嚴重枯萎，為了找出原因，同年 10 月展開對照實驗，以取得比較數據。

2 佈下椰殼纖維以防止侵蝕

野島水路上的倖存蘆葦田。

舊蘆葦田中的束尾草。

對照實驗區的範圍約為 17 平方公尺，選在現存的蘆葦田中，在預定地填入 30 公分高的土壤，使地面與滿潮時的水位相當。在實驗區近水側周圍，佈下可分解的椰殼纖維以防止侵蝕。

實驗用的蘆葦苗則是挑選 20 株已經長出地下莖，高度在 10 至 20 公分之間的莖苗，分成 2 列種植，再加上培養皿育植的 120 株培養苗，分成 15 列種植（見右頁示意圖），並持續對生長情況進行監控。

3 實驗區的蘆葦生長良好

前 2 年，培養苗在生長密度上較具優勢，但到了第 3 年，兩者的生長密度卻逐漸接近，約為每平方公尺 90 至 100 株。而在成長高度上，兩樣種苗之間的差異不大。

相較於 1999 年，2001 年時莖苗與培養苗皆抽高了 2 倍，達到 170 公分。2009 年與 2010 年的資料顯示，兩者的生長密度都在每平方公尺 70 至 80 株左右，呈現穩定的生長，高度最高達到 194 公分。

市民、學生、民間團體金澤水節參與復植行動

1882 年，當時的野島位在平潟灣灣口，靠近野島水路這側。從平潟灣起往南延伸到橫須賀市追濱的沙灘，自 1912 年開始填土，建造成舊海軍的追濱飛行基地，這基地現在變成了日產汽車工廠。在 1966 至 1994 年間平潟灣因為灣口封閉，讓灣內泥沙堆積出灘地，形成茂密的蘆葦田。然而，平潟灣口堤岸在 1994 年拆除後，野島水路到灣口水流暢通，隨著流水帶走部分蘆葦田，再加上疏濬的影響，留存下來蘆葦田自此一路減少。

這情況持續到 1998 年，神奈川縣水產綜合研究所（現更名為「神奈川縣水產技術中心」）在一項海鹹水交會區的生態復育研究時，決定將蘆葦田復育納入研究，第一步就是展開蘆葦苗移植實驗。

在環境省、地方政府，以及日本野鳥學會等單位的協助下，分別從谷津濕地（潮間帶泥灘）、東京野鳥公園取得蘆葦苗。為了避免採摘的動作傷害到自然生長的蘆葦，我們必須採用培養苗。整個移植活動規劃在民間團體舉辦、市民共同參與的「金澤水節」進行，由市民親自栽種蘆葦，象徵著市民復原蘆葦田的心願。

移植行動結束後，日本大學生物資源學系，以及 NPO 法人橫濱水岸環境研究會接手了觀察工作；此外，水產綜合研究所、谷津濕地的日本野鳥學會成員，以及公民團體則投入移植的事後調查。而前面提到的對照實驗，也是這些公民團體共同合力完成

對照實驗區示意圖

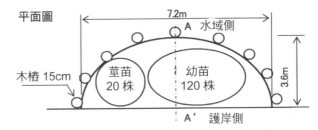

平面圖

7.2m

A 水域側

木樁 15cm

莖苗
20 株

幼苗
120 株

3.6m

A' 護岸側

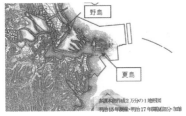

舊地形圖 (洲崎：1882 年測量、
紅線為目前狀況)。

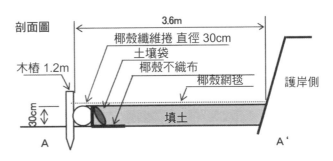

剖面圖

3.6m

椰殼纖維捲 直徑 30cm
土壤袋
椰殼不織布
椰殼網毯

木樁 1.2m

30cm

填土

護岸側

A

A'

對照實驗區建造中。

植栽地事後的調查會議。

已完成的對照實驗區。

成員進行植栽的狀況。

的，並由橫濱水岸環境研究會負責持續進行生長狀況調查。

珍貴束尾草重現橫濱

野島水路上的蘆葦田復育實驗目前已有兩項豐碩成果。首先，移植到對照實驗區的蘆葦已經落地生根，並持續拓生出更大的範圍。另一大進展，是之前留存下來的蘆葦田中自然長出了鹽生植物「束尾草」；束尾草在神奈川生態紅皮書（Red Data Book）中被歸類為 VU（Vulnerable）易危物種。

在 2006 年的生態紅皮書已新增了橫濱市金澤地區為束尾草棲地。1995 年以來，整個神奈川縣包含金澤地區在內只有 4 處發現過束尾草。

透過這次經驗我們得知，只要經得起波浪沖刷的植生地，蘆葦都可以移植生長；即使是淡水培植的培養苗，

也具有耐鹽性。這次對照實驗移植的蘆葦在第 3 年（2001 年）開始從實驗苗床往外生長，到了 2010 年，已經沿著護岸往上游方向擴展 13 公尺，平均每年擴展 1.3 公尺。

因為灣口水路開通加速了海水的流通，使底質產生變化，生態變得更豐富；各種小魚在此繁衍，在東京灣內外游動；潮間帶泥灘則有蜆貝繁殖，在特定季節會湧進撿貝人潮，非常熱鬧；而復育蘆葦田中，吸引許多人們造訪，重現了歌川廣重所畫的金澤八景之一「平潟落雁」。

復育後面臨的課題

1 **復育成功後衍生出的新議題**

因為對照實驗的蘆葦已經落地生根，復育蘆葦田可說已經獲得初步的成果。經過確認，在舊蘆葦田出現了

由歌川廣重所繪的金澤八景中「平潟落雁」名景 (神奈川縣金澤文庫所收藏)。

束尾草這項優生種鹽生植物，使得原本的議題由「淡鹹水交會區的蘆葦田復育」課題，衍生出「鹽沼濕地的保護和復育」這一項新的課題。

② 束尾草群落的保護與復育

在神奈川生態紅皮書中，有記錄寫到川崎市多摩川河口的束尾草，其描述「生長在蘆葦田的防波堤側，因不會受到颱風期間水位增高或強風的傷害，繁衍順利」。

鹹水濕地可以用滿潮時的標高差做區別，分為由蘆葦占優勢的淹水型濕地，和由束尾草占優勢的非淹水型濕地。而野島水路所在的舊蘆葦田，大部分屬於滿潮時非淹水型，且前端部

分的蘆葦群落幾已經消失，和多摩川河口順利繁衍的束尾草比較起來，其實算是危機重重。阻礙束尾草成長的原因，還包括了因疏濬造成底質坡度變化或土質淘選，以及浪造成的底質移動或攪亂，還有因漂流木或漂流物踏壓等多種因素。

目前在野島水路的舊蘆葦田已經確認除束尾草、蘆葦之外，還有鹹簀（又名糙葉薹草）、照葉野薔薇、黃槿、濱藜、羅漢松、濱當歸等 18 科 43 種植物。除了植物外，野島水路泥灘，還是候鳥休息的中繼點，可以看得到在橫濱其他地方所看不到的濱鷸等鳥類。

舊蘆葦田中，隨處可見黃槿。

舊蘆葦田中可見濱藜等四十多種植物。

實驗苗床的蘆葦與潮泥灘。

滿潮時，可在實驗苗床看見黑嘴白鷺鷥。

綠色旅遊譜寫靜岡梯田重生物語

在地農民技術與遊客認養制度，讓棄耕地重現生機

營運成本較高使梯田容易被棄耕，也使日本常見起伏的田園丘陵面臨消失的危機。在伊豆半島的石部，讓復耕結合旅遊，尋找梯田永續經營的可能。

分類 自然環境

再生對象

梯田是日本農村的代表景觀

所謂的梯田，就是在山地或丘陵上沿著等高線開墾，不規則狀的稻田。在五十多年前的日本，稻米還非常珍貴，除了不適合種植稻米的北海道北部地區以外，日本各地大量開闢梯田以投入稻作。在山多平地少的日本，梯田是非常重要的糧食產地。要在山坡斜面開闢出面積夠大的稻田，每塊田必然有一定的高度差，在這高度落差處，則必須施作土堤和石堤。

美麗而開闊的梯田，是日本農村不可或缺的代表景觀。不只如此，種植稻米的水梯田屬於濕地的一種，豐富的資源孕育了多種生物。而開闢成梯田之前的丘陵地本非濕地，周邊有許多森林和樹林。所以比起平地的稻田，梯田提供更多樣的棲息環境，適合需要穿梭於溼地與森林間的生物。如果拿「生物多樣性」作為代表優質生態系的指標，梯田創造經濟效益的同時也營造出更好的生態環境。

稻米減產造成梯田棄耕

過去日本人的主食是米飯，但人民生活富裕後，米飯之外有了許多食材可以選擇。以前農民生產的稻米，全數由政府收購，再以便宜的價格提供給民眾。但在稻米需求減少、產量增加的情況下，政府已無力收購全數的稻米，因此制定相應的政策減少稻米耕作的面積。由於梯田位於山坡地，開闢與耕作的成本都很高，這項政策最先影響到的就是梯田。

被棄耕的梯田缺乏照顧，一開始只是雜草茂密，後來漸漸地長出樹木；而樹木一旦長大，樹根就會破壞土堤和石堤，影響整個梯田的結構。以前生意盎然的梯田，現在大多已經雜草叢生，梯田的田園景緻也漸漸被人們遺忘。

在地農民支持才是梯田重生的關鍵

為了維護梯田的生物多樣性、守住美麗的農村風貌，開始有許多人投入所謂的「復耕行動」。這樣的運動在

近 20 年來變得很興盛，主要由 NGO 團體投入其中，試圖將那些長滿芒草及葛藤的棄耕梯田恢復原貌。然而能夠復田成功的，僅有那些棄耕不到 10 年、樹木尚未長大的梯田。

即使有很多人願意投入復耕的活動，但梯田的復原還是存在著許多困難。因為耕作本身具有一定的技術難度，當地的志工團體除了要付出勞力，還須要獲得當地居民的支持與技術指導。

復耕的第一步，就是先清除茂密的雜草。在拔除雜草根部時必須非常小心，否則就會毀損土堤或石堤，破壞梯田的結構。除完草，只能算是完成了一小部分，想恢復梯田的原貌，還

必須進一步修復灌溉梯田的水路。然而恢復水路是一件困難的工程，只有當地居民知道方法。所以事實上，從一開始的除草、恢復水路，到後來插秧的過程，NGO 團體只是在當地居民的引導下，提供一些體力上的協助而已，完成的關鍵，還是在於農民的支持。

昔日的石部梯田如今變成了荒野。

靜岡縣菊川市上倉沢的農民過去所開墾的梯田。(照片提供：NPO 法人千框梯田俱樂部)

石部居民守護梯田的熱情

1999 年，靜岡縣為了表揚縣內發展良好的梯田，舉辦了一個「靜岡縣十大梯田」的活動，被選上的梯田，除了幾處還有耕作外，大部分都已經棄耕。為了讓棄耕的梯田恢復往日樣貌，我們成立了志工團體「靜岡梯田俱樂部」，而筆者所參加的，就是賀茂郡松崎町石部的梯田復耕行動。

我們把靜岡縣的梯田依其地理位置分為東部、中部、西部三區，由各區的會員分別負責當地的復耕行動。筆者負責東部地區的石部梯田，這裡是一個面向駿河灣的開闊谷地，靠海的地區有居民居住，山坡上約有 18 公頃的梯田。1999 年我以委員身分造訪此處時，大部分的梯田都已棄耕，到處長滿了雜草。你可能會有疑問，這樣的梯田如何被選入「靜岡縣十大梯田」？主要原因在於靜岡縣東部地區的梯田數量極少，加上我們深受當

地居民維護梯田的熱情所感動，因此將它選入十大之中。

令人欣慰的是，被選上後的 10 年之間，當地居民付出了相當多的努力，加上來自中央與縣政府的協助，這裡年年都有新增的復耕地，狀況已非以往可以相比。而對復耕貢獻最大的，莫過於 2002 年開始實施的「梯田認養制度」。

梯田認養，遊客與農民的雙贏

梯田認養制度，是一種以地主制做為包裝的綠色旅遊（green tourism），將大約 100 平方公尺的田地，以一年 3 萬 5 千日圓的價格出租給一般民眾。換句話說，就是由民眾來認養稻田，這麼做除了可以減輕農民照顧田地的負擔，還能帶來經濟收入；規劃之初大家都很擔心，真的有人會願意付錢來種田嗎？沒想到才一開放出租，所有稻田立刻被認養一空。目前

石部地區的梯田復耕行動開始。

除草後的靜岡石部梯田。

已有超過 100 個認養區的梯田成功出租，到了插秧、割稻的季節，還有數百位民眾來訪，一改以往荒涼廢棄的景象。

這項計劃與其他認養制度不同的地方，在於認養人只需負責耕作中簡單且有趣的部份，其中繁瑣且困難的步驟如：翻土、脫穀、補強田畦等較吃力的作業，皆由當地的農民完成。因為石部地區是溫泉鄉，當地除了農田外還有許多民宿，到訪的認養者除了對保護梯田付出心力外，借宿民宿還可帶來經濟效益。石部梯田認養制度

至今發展得相當不錯，但展望未來，還有許多的問題有待解決。

永續梯田需要逐步導入企業經營模式

靜岡縣內有 NGO 團體支持的梯田，除了石部之外，西部和中部地區各有 2 處，各地發展情況不盡相同，然而卻面臨著同樣的問題——無法永續經營。因為，就算有 100 個單位的梯田獲得認養，總營收也只有 350 萬日圓，再加上收割稻穀所獲得微薄利潤，這樣的收入做為一個人的年收都還嫌少，更何況管理梯田需要數十個

現在靜岡縣石部地區的梯田全貌。

人。也就是說，當地居民要藉由開放梯田認養來養活一家是不大可能的。

要讓梯田永續發展，吸引都市居民是個可行的方法。現今人口大量集中於都市，繁忙的生活造成居民越來越嚮往大自然，認養農地的需求也持續增加。另外，在地方人力減少的狀況下，可以先借助非營利組織的力量來補足，再逐漸引進企業經營的模式來維持。

其實都市居民嚮往的自然生活不僅止於梯田，許多非梯田的農村同樣面臨著人口流失的問題，甚至已經成為半數人口超過六十五歲「界限集落」。這些地方同樣具有豐富的自然環境，如何把這些聚落串連起來，滿足都市居民需求同時又可以讓當地居民藉此營生，是今後努力的方向。

獲選為靜岡十大梯田的上倉澤梯田 (照片提供：NPO 法人千框梯田俱樂部)。

獲選為靜岡十大梯田的久留女木梯田。

獲選為靜岡十大梯田的大栗安梯田。

讓棄置竹林變成居民休憩的公園

缺乏管理的人造林對生態與環境造成威脅

曾經綠意盎然的山林，一度被竹林佔據。想要解決這一現象的團體，卻苦於人力不足，他們用什麼方法來吸引人們參與再生計畫？

分類　🌱 自然環境

再生對象 町山　都市

竹子高風亮節，但棄之不管便成一大危害

谷津山位於靜岡市內，是一處完全符合「町山」定義的丘陵。站在山頂上，靜岡的美景盡收眼底，近處可以俯瞰街景，遠處可以眺望富士山、南爾卑斯、伊豆半島和太平洋。過去的谷津山雖然位於市區，卻沒有因人潮而破壞他的自然環境，仍有許多動植物棲息在此。除此之外，這裡還坐落著歷史悠久的古墳和許多神社佛寺，是一個兼具自然與人文的風景名勝。由於谷津山交通方便，因此凡舉居民散步郊遊、學校戶外環境教學、公民團體舉辦植物觀察活動等，都會選在這裡進行。

1927 年代，谷津山上還有茶園和橘子園。現在只能看見一點當年種植的痕跡，大部分都已變成竹林。這裡的竹子，大多都是孟宗竹，當初種植的目的是為了採收竹筍，後來因為有廉價竹筍的進口，竹林創造的經濟效益減少，自此便缺乏管理，放任其生長。被棄置的竹林越長越多，便開始攻城掠地，現在已逼近住宅區。被竹林遮住的房子不但室內昏暗，濕氣也重，還容易滋生黑斑蚊，造成許多問題。

優勢野竹蓬生使物種變少

日本西部有許多被棄置的竹林，其中又以靜岡縣為大宗。放眼望去，整個谷津山中竟有約 40％到 50％的土地屬於棄置竹林。由於廢棄竹林產生過多的遮蔽，即使是光線充足的夏天，仍然十分昏暗，林床上也只有少數種類的植物可以生存。根據我們的調查，廣大的山林裡只有 15 種植物。如果繼續放任不管，谷津山的物種多樣性恐怕只會愈來愈少。

廢棄竹林造成的問題不僅在於減少物種多樣性，還會影響到附近住戶的安全。因為廢棄竹林的面積實在太大，一旦下大雨，枯掉的竹子很可能被沖入住宅區而造成災害。谷津山做為市區的綠地，原應提供居民休憩

的場所，但如今它已變成一座昏暗的丘陵，並沒有發揮原本的公共價值。目前最重要的課題，是藉由居民的努力，重現以往綠意盎然的山林。

伐竹植樹，有效管理林地

1 砍伐竹子

竹林內的竹子生長十分密集，平均每 1 平方公尺的土地上就有 1.7 根竹子。正因為竹子如此繁盛，遮蔽大多數的光線，使竹子外的植物難以生長。如遇大雨，雨水無法被地表吸收，逕流量增加，造成附近住戶的危險。因此谷津山再生的第一步，就是砍掉過多的竹子，讓光線照到地表，使更多植物可以生存。

雖然竹子有許多用途，但由於谷津山的坡度陡峭，砍伐下來的竹子難以

谷津山今昔對照，以往還有茶園，如今大部分已成竹林。

(左) 被棄置的竹林。(右) 被棄置的竹林地面。

運出，因此決定將它堆在原地，任其自然分解。而竹子以外原本長不出枝葉的樹木，後來也慢慢恢復了生機。

2 種植景觀樹木

考量到谷津山的坡度陡峭，砍伐工作並非移除所有的植物。在難以到達的地方，保留了竹子以外原本的樹木，讓其自然生長。而容易管理的地方，則種植對景觀有幫助的樹木，供居民遊憩休閒，除了定期除草，同時也摘除新長出來的竹筍。

從竹林維護擴展到環境教育

「谷津山再生協議會」總共由四個團體所組成，分別是：谷津山友之會、忘都會、綠之谷津山村育成會與MACHINABIYA。本協議會的先驅團體是「谷津山友之會」，該組織在協議會組成 2 年前便開始活動，主要的工作是砍伐濫生的竹子。後來其他三個團體加入，有了更多的人力，原本活動的範圍變大了，內容也更加多元。

谷津山的再生活動，從砍竹子、除草這類的體力勞動開始。成員們原本以為，隨著活動的進展，會獲得愈來愈多居民的認同，進而吸引更多人加入活動的行列。但是隨著時間經過，他們發現想要得到居民的支持，除了讓他們「看到」你在做一件事，還必須讓他們「知道」你在做什麼事。

因此，為了讓更多人瞭解谷津山再生的意義，成員們除了砍伐竹子，也開始舉辦和居民交流的活動，包括與行政單位共同舉辦研討會或研習會、支援中小學的環境學習活動，與谷津山周邊居民共同舉辦谷津山村祭、植物觀察會、竹子砍伐講習會、谷津山歷史巡禮、製作谷津山步道地圖與小冊子等。

從 2006 年開始到 2010 年 4 月為止，總共進行了 240 次砍伐竹子、清除雜草、種植樹木等活動，參加的會員總人次達到 4,192 人。包含行政單位的支援，協議會總共完成面積

谷津山的再生從伐竹、整地、植樹開始。

45,000 平方公尺土地的整理，並在這些砍伐後的竹林地上，藉由學生與民眾的幫忙，種植了超過 2,000 棵以上的樹木，其中包含枹櫟、旅順櫸木、山櫻花樹、栗子樹、雞爪槭樹、橡樹等。

再生行動面臨的兩大難題

① 人手不足是一大隱憂

谷津山的再生活動雖然已成功吸引許多人參加，但若考慮的更長遠，人手不足仍是一項隱憂。目前看來，協議會的會員年齡大多在 60 歲左右，因此加速下一代會員的培育是當務之急，再來就是如何減少已入會的會員退出。退出的原因，不外乎就是不能理解或認同組織的訴求，因此有必要讓會員了解再生活動的意義並使其具備使命感。

② 取得地主許可曠日費時

由於我們要砍伐的林地為地主所有，地主的總數超過 500 人。每次的砍伐活動，都要先依據地籍圖查出所有者的住址，再由會員親自拜訪以取得砍伐竹林的許可並簽定協議書。這樣的過程耗時費神，也成為再生活動的阻力。

砍伐竹林作業前的商討確認。

中學生的環境學習教育活動。

探討棄置竹林的研習會。

(左)砍伐前谷津山的竹林叢生。(右)竹林砍伐減少對住戶危害。

町山植樹活動與管理情況。

復育後的谷津山是附近居民最佳的休閒場所。

位於靜岡市中心的谷津山，若再生行動能持續不輟，將是一個面積91公頃的大規模綠地，在暖化的氣候中，這個大規模的綠地不但能減少二氧化碳濃度，還能降低市區高溫，並吸收大氣中的污染物質。

谷津山一旦恢復成為綠意盎然的休憩場所，對於市民身心健康的維持、居住環境的安全、還有學校的教育支援都能夠發揮重大功用。而谷津山的活動經驗也能當作其他團體的參考，讓更多人在投入環境再生活動時有所依據，不會無所適從。

進行竹子砍伐作業的會員。

三塊田三種生態，重現蛙類棲地

坂折梯田在休耕地規劃出生態區

　　許多團體有心於環境的保護，卻苦於知識廣度的不足。坂折梯田的維護團隊，打破了各個團體之間的界線，成功結合了多方意見，為梯田復原帶來最大的幫助。

分類 自然環境

再生對象

風景優美的瑞穗之國

　　日本是一個水田風景極為優美的國家，因此有「瑞穗之國」的美譽。在灌溉技術不發達的時代，水田並不是指在河川氾濫堆積的平原上所開墾的田地，而是指一階一階的梯田。

　　雖然梯田美麗的景緻令人流連忘返，但它有兩大實務上的缺點。其一，生產效率不如平地的水田。其二，位於山坡地上，需要動員眾多勞力來開闢。由於以上的原因，再加上現在農村人口外流以及在地人口老化，導致棄耕地愈來愈多。梯田除了能帶來經濟效益，更能提供蛙類、蜻蜓等生物棲息，是一個富含生物多樣性的區域，而棄耕的結果，也導致生物的棲息環境惡化。

　　生物多樣性減少的主要原因有三。一，開發以及濫捕導致物種減少、滅絕，生物的棲息、生育地減少；二，外來種以及化學物質對於生態系的破壞；三，照顧及管理不足，導致自然環境惡化。坂折梯田主要受第三項原因影響，除此之外，地球暖化也進一步加速了生物多樣性的減少。

日本百大梯田中的坂折梯田

　　坂折梯田位於日本岐阜縣東南邊、惠那市的西北邊，有許多生物在此棲息。梯田位於標高約 400 至 600 公尺的東南走向斜坡上，擁有大約 360 塊田地，總面積 14.2 公頃。其歷史悠久，已有將近 400 年歷史，曾獲選過「日本百大梯田」以及「岐阜梯田21 選」。

　　坂折梯田附近具有 2 處生物棲息空間。一為 2007 年 4 月開始施作，沿著標高 470 公尺的坂折川沿岸所設的「溪流附近之梯田生物棲息空間」。另一處為設在標高 550 公尺森林邊緣的「森林附近之梯田生物棲息空間」，從 2008 年 4 月開始進行營造。

社區、學校與 NPO 的夥伴關係

　　坂折梯田生物棲息空間的營造不是

只來自於某一個單位的努力，而是由社區、學校、NPO三者共同完成。在2007年3月所舉辦的第一次集會中，確認了由惠那市坂折梯田保存會、歧阜縣立國際園藝專科學校，以及NPO法人梯田網絡等團體的合作關係，並由惠那市公所提供指導、協助宣傳。三方合作的最大優點，就是參與的團體可以各自發揮所長，相輔相成。

以保存會為例，由於此團體由社區農民所組成，有利於和梯田所有權人交涉，取得營造生物棲息空間的用地。保存會還能提供耕種梯田的方法，並負責生物棲息空間的水文管理工作。身為教育機構的國際園藝專科學校，則開課教授學生如何利用梯田進行社區營造，並負責生物棲息空間的規畫與調查。而會員遍布全日本的梯田網絡，則扮演協調整合者的角

歧阜縣惠那市的坂折梯田全景。

(左)溪流附近的種植稻米的梯田與生物棲息空間。(右)森林邊緣生物棲息空間之施工。

色，提供活動所必要的資訊，宣傳坂折梯田的相關訊息。除了有這三個團體的努力，還有來自市民志工、當地的小學、高中，以及惠那市公所的支援（見右頁上圖）。

以赤蛙為指標物種的復育計畫

以前的水梯田是許多水生植物的落腳處，也吸引了為數眾多的動物、昆蟲附生其中。然而，現在的水梯田已不同於以往的乾濕管理，不僅冬季放水，夏季也放水，過度乾涸的環境，已成為水生生物難以生存的棲息地。

水梯田生態系復育計劃，以維持並提升水梯田原有生態功能為目的，其中又以蛙類（尤其是赤蛙）做為生態系復原的指標物種。另一方面，水梯田生態復育計劃除了善用梯田環境的潛能，使生物的棲息空間得以被維繫，同時也能防止外來種入侵，阻絕強勢的物種改變原生種的基因組成。

三塊水梯田，三種生態區

與坂折川相接的三塊水梯田，原本全是休耕地，經過許多人的努力，已於 2007 年復育成功。三塊水梯田分別被設計成三種生態區，各自擁有不同的生態環境（見右頁下圖）。

其中位在最上層、面積最小的一區為「傳統式水梯田」，採用傳統的無農藥有機栽培。下一層的「互動式水梯田」，規劃為一塊可以讓人與生物接觸、交流的生態區。田中矗立著一塊大岩石，以岩石為中心，沿著岩石四周種植稻米，形成一個甜甜圈的圖形。而為了讓生物觀察容易進行，還特地在田埂和岩石之間架上一座木橋。並且彷效英國的田園地區管理制度，將農地的「邊緣」部分規劃為休耕區 (arable field margins 耕地邊界)，以維護生態系統的完整性。最下層的水梯田為「休耕田生態區」，不種植稻米，是特意為生物保留下來的棲地。

園藝專科學校學生進行插秧，利用梯田進行社區營造。

復育成功的赤蛙，是生態系復原的指標物種。

水梯田生態區互聯合作的形成

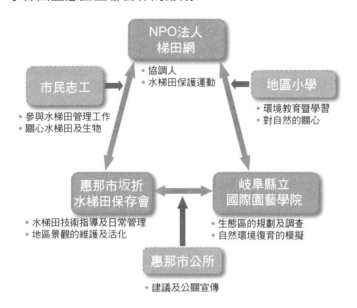

NPO法人
梯田網
• 協調人
• 水梯田保護運動

市民志工
• 參與水梯田管理工作
• 關心水梯田及生物

地區小學
• 環境教育暨學習
• 對自然的關心

惠那市坂折
水梯田保存會
• 水梯田技術指導及日常管理
• 地區景觀的維護及活化

岐阜縣立
國際園藝學院
• 生態區的規劃及調查
• 自然環境復育的模擬

惠那市公所
• 建議及公關宣傳

臨近溪流的水梯田生態區平面圖

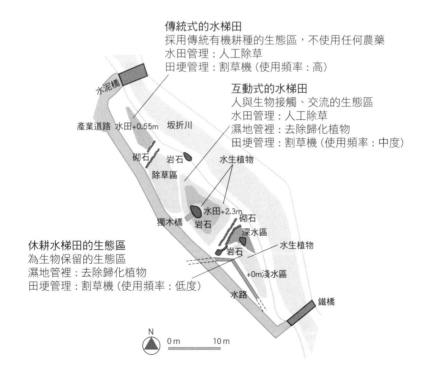

傳統式的水梯田
採用傳統有機耕種的生態區，不使用任何農藥
水田管理：人工除草
田埂管理：割草機（使用頻率：高）

互動式的水梯田
人與生物接觸、交流的生態區
水田管理：人工除草
濕地管裡：去除歸化植物
田埂管理：割草機（使用頻率：中度）

水泥橋

產業道路　水田+0.55m　坂折川

砌石　岩石　水生植物

除草區

獨木橋　水田+2.3m　砌石　岩石　深水區　水生植物

休耕水梯田的生態區
為生物保留的生態區
濕地管裡：去除歸化植物
田埂管理：割草機（使用頻率：低度）

岩石　+0m淺水區

水路　鐵橋

N
0m　10m

2007 年 4 月，三個主要組織的成員齊聚一堂，拿起鐵鍬和鋤頭開始翻土整地、造田埂。5 月，學校的學生在保存會的指導下開始耕耘播種，並且進行生物調查。依據當時的觀察，在休耕田生態區發現山赤蛙成蛙 1 隻。

前 5 次的調查中，坂折梯田發現了 6 個卵塊，其中 3 個位在互動式水梯田。此後，固定於每年 3 月實施卵塊調查，2009 年時水梯田生態區發現 2 個卵塊，2010 年增加至 11 個。2008 年 8 月，梯田網絡策劃了一個小學生野外觀察會，由自然觀察指導員擔任講師，學校的學生擔任講師的助手。在保存會的大力鼓吹下，總共募集了 31 人參加這次的活動，其中 12 名為小學生。除此之外，學院也設置生態區及生物的解說牌等，期望使水梯田生態教育能夠生根萌芽。

民間和政府齊心協力

日本的農村占了國土很大的部分，因此有很多生物棲息其間的可能，可以規劃為休耕地生態區的用地也為數不少。從各方面來說，維護農村的生態對維持生物多樣性有著很大的幫助。於是便有很多有「讓自然起死回生」、「營造生態區」等有助於提高生物多樣性的議題出現。

冬季蓄水田簡稱冬水田，該田地在冬季枯水時蓄水，以備開春時整田用。這樣的作法不僅有益農耕，更確保山赤蛙在冬季枯水期仍有安全的產卵場所。然而不僅是水梯田，假如整個坂折梯田地區都能嘗試這樣的做法，該地區必能因為豐富的生物多樣性而得到更高的評價。

這是該地區第一次的生態區營造，所以光有維護環境的理想是不夠的，還需要工程設計、施工技術和指導專家 NPO 的專業知識為後盾。除此之外，還必須串聯學校的資源，形成一個互相協助的合作組織。就像前面所說的，三個主要團體各自貢獻所長，對該活動而言，具有相輔相成、事半功倍的效果。水梯田生態區的再營造，保護了生物多樣性，也凝聚當地居民的向心力，喚起居民對環境的關心。

中山間地域是指位於河川上游的農地，由於這裡多為傾斜地，雖然不利於農業生產，但卻具有國土保安、水源涵養等公益機能。與一般平地相比，中山間地域的耕作放棄率較高，為避免棄耕率繼續攀升，日本訂定了「中山間地域直接給付制度」和「農家戶別所得補償制度」，以彌補其生產劣勢。當主要農產物的販賣價格低於生產成本時，將會由政府對此一差額進行補貼，讓農業生產活動得以維繼。展望未來，靠著在地居民的參與，結合學校及 NPO 的力量，水梯田復育再生計劃才能推廣到全國各地。

正在向市民解説水梯田生態區的學生。　運用水梯田生態區展開各種生物多樣性相關活動。

小學生野外生態觀察會。

森林復育的提案
解答大眾對於森林的誤解

🌱 自然環境

森林成為人類的生活必需品

水稻田本身就是一處生物多樣性豐富的生態系，而日本的農業發展以稻作為基礎，孕育出多樣的自然及各式各樣的文化。田野的生態系有賴於森林支撐，森林富含生命的泉源——乾淨的水、新鮮的空氣，這些都是延續生命不可或缺的元素。

但一直到最近幾年，人們才赫然發現森林的存在對人類而言如此重要。環境對地球的影響早已跨越了國界，面對全球暖化的問題，有助於削減二氧化碳濃度的森林，一躍成為人類的「生活必需品」。

筆者想借本文篇幅的一角說明，人們對森林有哪些不恰當的行為以及誤解。同時舉幾個實例，對森林的復育與再生提供一些建議。

對於森林功能的三個誤解
（1）國土保安功能

日本的人造林占全國森林的 4 成左右，其他超過半數的林地都是天然林。然而闊葉林經濟價值低，不具利用性，除了做為休憩遊樂用途之外的森林，絕大多數的闊葉林都是一座座未整理的荒山。

有許多人會說人造林不好，但當初

(左)日本農業以稻作為中心逐步發展，圖為羽尾地區的梯田(千曲市)。(右)農業與森林之間關係密切(飯田市橫根田圃，百大梯田之一)。

在闢建人造林時，未砍伐的保殘區樹木（考量有崩坍的危險性存在，故不砍伐而予保留的闊葉林區）逐日壯大後，地盤竟支撐不住樹木的重量因而崩塌。由上述例子可知，就國土保安功能來說，樹種並不會造成太大的差異。

（2）水源涵養

有一說法：闊葉林的落葉會變成腐植土，提高土壤的保水力。就實驗的範疇及理論上的推論來說確實如此，不過山林廣袤遼闊，樹齡高低不一，樹種雜交多變，測定本身就存在著難以判斷的問題。根據目前為止所做過的全國性測定結果來看，不同樹林之間的保水力並沒有顯著的差異性。因為除了土壤以外，地質、地層，還有森林的地下結構，都是影響保水力的因子。

高山常有湖泊出現，是因為積雪數尺的雪水融化後滲入地下，被堅硬的岩盤攔阻，只好從岩盤裂縫中湧出，

(左)管理良善的森林(村澤崇先生位於天龍村的森林)。(右)疏於管理的森林(諏訪市)。

(左)飯田市水源松川1979年開發山林災害次日的狀況。(中)1996年復育施工完成時。
(右)2005年持續復育當中。

遂形成一片水域。當湖水接近乾涸時，天空又開始降下了雪花。如此周而復始，高山湖泊始終存在。

另一方面，針對近幾年湧泉不斷減少、甚至枯竭的議題，我們特別在長野縣進行地下湧泉調查。調查結果顯示，自來水利用率和新幹線隧道開通等因素，皆影響湧泉水的多寡。報告中提及的其他原因不外乎就是地球暖化造成降水量減少、積雪量降低，從而導致地下水量匱乏，卻沒有提到「森林伐採」這項原因。事實上，只要確實整頓森林、做好管理，湧泉便會再次出現。筆者認為有好幾個湧泉需要的只是妥善的森林管理。

（3）生物多樣性

經過妥善管理的針葉林，下層會有野花野草生長。相對的，無人聞問的森林，即便是闊葉林，也是一片荒涼陰暗。另一方面，鹿、熊、山豬和猴子等大型野生動物時常在村莊出沒，造成農作物損失，許多人覺得這歸咎於「人工林裡的食物不夠」或「民宅裡的食物豐富、容易取得」。

事實上，這些動物的個體數與村莊的人口結構剛好成反比，牠們的數量隨著人口的減少與高齡化一路往上攀升，生存壓力促使牠們走出山林，走進村莊，造成農作物受損。

南阿爾卑斯山現在面臨了一個大難題，那就是以往不曾出現在高山地區的日本鹿，現在不僅在該山區現身，而且還到處啃食、踐踏高山植物。

除了鹿之外，熊也有類似的情況。山裡的橡木果收成不好，或許是使牠們接近村莊的一大要因。離開了母熊到新領域獨立謀生的小熊，因熊群數量過多，只好冒著生命的危險進入村莊，尋找人類的食物。至於老鷹和

(左) 雪水滲入地下，再度湧出後形成高山湖泊 (飯山市)。(右) 枯竭的水源 (諏訪市)。

鵑，與其說是大興土木讓它們失去了棲樹，不如說是它們失去了獵食的草地，只好離開棲地。換句話說，不同的林種對國土保安、保水以及生物多樣性等各方面，都在其其各自扎根生長的地方發揮應有的森林公益。

不容違反的造林基本原則

有些人會因為種植的柳杉而產山花粉症，但我們無法單單只是為了預防花粉症，就任意將未到採伐期的森林換成別的樹種。因為盲目的改植只會破壞好不容易形成的土壤，反而是一種破壞自然的作為。若確實需實施移植時，務必謹守適地適木的原則。

人工營造複層林之後，若經過合理的、重複的伐採，就會形成階層構造的多層林，若進一步再經過妥善的治理，就成為「永續林」了。說到日本的永續林，最廣為人知的便是岐阜縣的今須林業。複層林是為了使森林的效益得以保持永恆的人造林，為了達成這個目標，長期、持續的措施絕對

間伐後留下來的闊葉樹 (岡山市)。

必要。

農林的多角化經營

森林除了生產木材的經濟性功能之外，森林還具有國土保安、涵養水源、淨化空氣、提供休閒遊樂場所等公益性功能，用途十分廣泛。

本文的最後想要介紹以生產森林特產物（山菜、蕈菇、柴薪等）為目的的森林多角化經營。我們將面積約7公頃的森林分成四段治理，上層種植赤松、落葉松；中層栽種花椒樹、漉油樹等可食用的山菜木，植株數量高達數萬株；下層則是山葵、蕨菜、山蔥、玉簪花、莢果蕨（又名為黃瓜香）等山菜。最後，在落葉下方放置段木，供舞菇、滑菇、平菇等蕈類生長。此外還有一些無法用人工栽培的蕈類，例如：風菌、本菇、牛肝菌等，我們特別考量了它們的習性條件，將環境調整成適合它們生長的狀況。

除了這片7公頃的森林以外，經

在國道上被拍攝到的鹿 (大鹿村)。

被鹿隻破壞的雲杉林。

複層林的示意圖

營者還有 6 公頃的桑樹園以及 6 公頃的遊休農地（廢耕地），現已種植各種山菜及蕈菇，冬天也生產蕈菇段木和柴薪，全都送往國道旁的直營店銷售，成功轉型為全季節農林一體的多角化經營產業。

地方農業如何解決人力不足的問題

對於人力不足的山村來說，想要朝上述的經營方式發展，存在著很高的難度。為了解決這個問題，南信州的飯田市（環境示範都市）大力推動生態旅遊以及鼓勵青年學子返鄉。

地方上的農林業、自然景觀、鄉土文化等資源，透過整體規劃發展生態旅遊，經由居民的認同及挺身行動，必能達成「富饒之里」的目標，創造出一座充滿樂趣的森林。

(左) 未整頓前的二段林 (駒根市)。(中) 整理後種植檜木。(右) 形成三段林 (20 年後)。

森林的多角化經營。

栽培蕈菇的桑樹園 (佐久市)。

森林中的環保建材

使用間伐材建造住宅，有助於流域再生

自然環境

循　環

循環　森　住宅

荒廢的人工林造成海岸覆滿污泥

戰後國內廣植杉木林、檜木林，卻因為未嚴格實施必要的間伐，使得森林成為容易遭受豪大雨及霜雪危害的孱弱森林，並曝露出涵養水源以及防止土石流等作用逐日降低的危機。因此全國各地如火如荼地展開各種嘗試與實驗，討論如何有效利用間伐材。

儘管遠眺是一片蓊蓊鬱鬱綠色森林，但只要一走進樹林，即便是在光天化日的白晝，林子裡依舊是晦暗不明。原本應在土裡向下開展的樹根露出地面，再再說明樹株已然抓不住土壤，只是讓土壤一點一滴地流失。在

未植樹造林前的禿山時代，只要一遇到暴雨，上游山洪暴發，下游即洪水成災。於是山村的居民們開始撫育森林，在經年累月的分工合作下，此處也演變成了一個複雜的生態系，構築出大量的土壤孔隙。

雨水經由這些孔隙自地表滲入土壤中，蓄積成為地下水，日積月累便湧出地面。雖然說少量的雨水並不會使河川混濁，然而水清則魚現，河川的濁度實際上與海產資源息息相關。因此不讓降雨造成河川混濁，是確保所屬海域海產資源的方法之一。

未實施間伐的檜木林陰暗一片。

間伐後陽光得以進入森林。

實施間伐後，土壤含水率的變化（以愛媛縣久萬高原町為例）

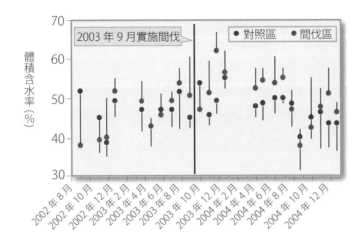

樹齡及間伐所引起之土壤侵蝕量的差異（2006 年 6 至 11 月）

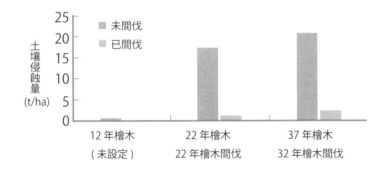

月平均濕度變化

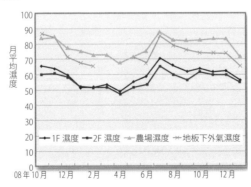

居民種植的樹苗逐日成長並開枝散葉，當相鄰的單株樹冠相互接觸時，就是應該施行間伐的時候。被砍伐下來的林木可供城市使用，做為電線桿、搭架用圓木及灌漿用模板等，對促進都市生活便利而言是不可欠缺的資材。另一方面，山村成為供應端，讓村裡多數的居民可藉林業賴以維生，自森林裡獲取生活所需的資糧。

不過隨著工業化的發達，電線桿變成水泥鑄造，鷹架圓木全部換成金屬製品，灌漿模板改用南洋進口的三合板。以上的新技術導致原本可維持土壤穩定性的間伐作業無以為繼，諸如此類的山村公司日益蕭條。即便如此，若在建造住宅時多多採用國產木材做建材，以林業為生的山村經濟也可以得到一定的支撐。

然而，工業化所帶來的自由，使消費者能夠自己選擇所需的材料，國產木材不得不讓出建材的寶座給進口木

材。目前，國產木材供做住宅建材使用的自給率僅有 20% 左右，這個數字正是人造林大白天仍陰暗一片、無人打理的原因。筆者在參與森林健康診斷時，目睹了海岸覆滿污泥的慘狀，才知道原來荒廢的人工林對海岸的影響如此巨大，藉此體認到間伐工作的重要性。此問題的解決之道在於大量使用間伐材做為住宅建材，因此我們著手展開研究並且實踐直至今日。

間伐的三大益處

（1）提高保水力

以愛知縣矢作川上游的人造林為例，間伐後的樹株數目大約是未間伐前的一半。間伐前早已乾涸的湖泊，再經過處理後開始有湖水流動。通常間伐後因為有陽光進入林內，有利於林地植物生長，無形中土壤的含水率也提高了 3 至 10%。

（2）防止土壤流失

生長茂盛的植物，其根部會伸入泥

最高溫日的溫濕度環境

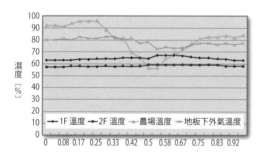

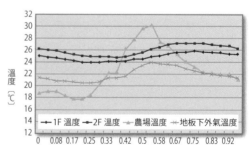

土中，具有保護土壤的作用。有報告指出經過間伐的樹林，在夏令的半年期間，每一公頃土地的土砂流失量減少了17噸。流失的土壤主要都是構成泥餅的黏土，因此只要能夠減少土壤流失，自然對水質淨化有所助益。注入海水的混濁逕流造成海域污染，嚴重影響了海洋植物的光合作用，使得昆布等大型褐藻類逐漸消失，終致出現磯燒（譯註：即死亡海域，沿岸海藻大量死亡，致浮游生物銳減，進而使魚群減少）的現象。黏土堆積可說是造成這個現象的最大原因，因此整個流域都應該致力於防止黏土流出。

（3）降低紅潮危害

當雨水滲入森林土壤後又再度湧出時，其所含的硅素濃度會大幅增加。然而硅素具有什麼樣的作用呢？「硅藻」為魚貝類提供了豐富的餌料，而硅素正是硅藻大量繁殖所需的營養鹽。渦鞭毛藻是引起紅潮的罪魁禍首，硅藻同時也是渦鞭毛藻的競爭種，因

此硅素的增加有助於減輕紅潮危害。

原木是絕佳的防火、結構建材

長野縣王滝村公所前的木造倉庫建於戰前，原本是醫院的庫房。有研究報告指出，在木材充裕的時代，地方上的倉庫都是木造倉。原木不僅具有調溫、吸濕的功能，而且易於加工施作，再加上表面經過耐燃防火處理，十分適合用來蓋倉庫，作為人們保護財物的絕佳地點。

最廣為人知的木造倉庫莫過於校倉造（譯註：即原木層疊式，以角木交叉重疊，築成牆面的工法）。歷史上曾經有過好幾次木材資源大量短缺的時期，當時為了填補木料的不足，便在木材上塗抹泥土等，這就是土藏（譯註：土造、石造倉庫）的前身。大力鼓吹校倉造住宅的筑波大學教授安藤邦廣除了介紹板倉造（即木造倉庫）以外，也介紹井籠倉（譯註：即框組壁式，以一根根原木疊砌築牆的工法）以及使用角木做縱向立

最低溫日的溫濕度環境

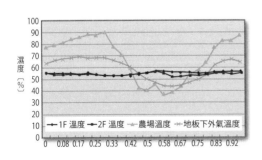

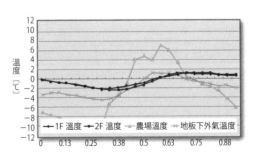

牆的繁柱倉（譯註：即樑柱式）。

目前木造住宅所使用的木材為正直角的角材及板材，使用量為每平方米 0.18 噸（0.18m³/m²）。間伐材幾乎都是小口徑的製材，雖然也屬於角材，但卻不是直角，所以又被稱為圓木、帶角圓木。右頁圖片裡的柱倉住宅，木材使用材積為每平方米 0.43 噸（0.43m³/m²），是一般木造住宅的 2.4 倍。

由於屋頂和牆壁最外層還會使用裝飾面材覆蓋，藏在底層的地板也看不到，因此這些部分都預製了內嵌加工，以便使用圓木做基材，同時提高材料使用量。能夠靈活運用圓木的柱倉造，被認為是最適合使用間伐材的木構工法。如果能夠善加利用柱倉住宅的優勢，間伐面積的比例就可以提高。

柱倉造住宅在節能環保方面有優異表現

常見的建築物種類可分為木建築、鋼骨結構及鋼筋混凝土。蓋房子勢必會產生二氧化碳，我們之所以要推廣木造住宅，除了可以促進農村經濟，再來就是它在節能環保方面的表現十分優異。經過統計，鋼骨結構建築的碳排放量是木建築的 2.87 倍，鋼筋混凝土更達 4.24 倍；在固碳量方面，鋼骨結構建築是木建築的 0.25 倍，鋼筋混凝土則只有 0.27 倍。由此可知木屋在建造的過程中，無論是減碳或固碳的效果都優於其他種類的建築。

柱倉造住宅的兩大優點
（1）優異的抗震性與耐燃性

日本位處地震帶上，因此房屋的抗震性十分重要。根據結構模擬測試的結果，木屋對於瞬間衝擊的強勁抵抗能力之強，連專家都大吃一驚。至於防火性，由於木材的厚度達 10 公分，再加上壁式構造的標準設計為 9 支用料，經點火測試燃燒 1 公分後，殘餘斷面仍餘 78%，比 12 公分的角材燃燒後殘餘 69% 的斷面還要大，可見其具有優異的耐燃性。

（2）居住性

我們可以從木構造房屋的調溫吸濕表現，來判斷該建築是否適宜居住。信州大學為此進行了一項共同研究，於木造房屋完工落成時，在室內分別設置溫度及濕度感測器。學生們開始收集數據後，由 2010 年 3 月的畢業生彙整做成畢業論文，本文摘錄其中月平均溫度的年間推移、最高溫日的溫濕度環境，以及最低溫日的溫濕度環境。

由這些資料可知木構造房屋有兩大特徵，一是室內的濕度雖然會隨著外面的濕度變動，但是在最高溫日和最低溫日，室內仍然能夠保持適當的濕

度。還有即使外氣溫度急遽變化，室內溫度仍只是小幅度的變化。

最後來比較不同建材構成的住宅，若想要擁有和柱倉造住宅一樣的溫度調節能力的話，需要多少壁厚才能達成？資料顯示，10 公分厚的木材壁體，其室溫變動比（譯註：室溫日變化量與外氣溫日變化量之比值）大約是 0.3，相當接近我們的實測值。但土牆若想具有 0.3 的室溫變動比，就需要有 20 公分的壁體厚度，混凝土牆的壁厚則需要做到 25 公分。

綜合以上優點，善用間伐材資源蓋木造住宅，等於是在復育自森林到海洋等整個流域的環境。而我們也將因此猶如置身在森林當中，被大自然懷抱一般，樂享快意、舒適的生活。

各種建材的室溫變動比

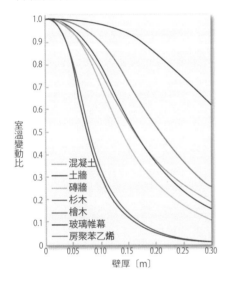

圖例：
混凝土
土牆
磚牆
杉木
檜木
玻璃帷幕
房聚苯乙烯

室溫變動比

壁厚〔m〕

柱倉造的木結構。

月平均室溫變動比預測

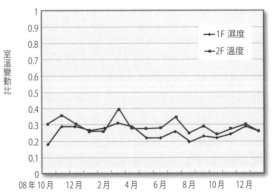

1F 濕度
2F 溫度

室溫變動比

08 年 10 月　12 月　2 月　4 月　6 月　8 月　10 月　12 月

讓孩子與自然共同成長的幼兒園

營造四季變化生態豐富學習空間

除了溜滑梯與翹翹板，幼兒園還可以提供給孩童與自然相處的機會。在京都，幼兒園嘗試打造成生態園區，讓孩童在種植著在地物種的自然環境中學習。

分類

再生對象

有趣的環境，讓孩子主動探索大自然有趣的環境

你對幼兒園的想像是什麼呢？玩玩具、扮家家酒，和同學踢足球或打躲避球？不同於小學以後以「唸書」為主的課程，幼兒園似乎多了許多運動方面的活動。

由於幼兒園屬於銜接小學的教育，必須保證小朋友在上小學之前，擁有足夠的運動量，因此有許多幼兒園直接以運動場的概念來設計園區。但其實小孩們的思想是很靈活的，若在教室裡就只能玩玩具，在球場上就只能打球，他們真的會開心嗎？

春天一到，孩子們喜歡聚集在庭院各個角落的樹叢中，把整個盆栽翻過來尋找昆蟲。然而，這並不是老師指派的作業，他們而只是單純因為喜歡而開始尋找昆蟲。原本以為只有小男生才會喜歡，後來發現女孩子也相當喜愛昆蟲，抓到後甚至還把他們當寶貝疼，完全沒在害怕。

夏天一到，小朋友們便每天拿著捕蟲網在櫸樹下聚集，想要捕蟬，一旦抓到便開始認真觀察。這時候，孩子們的眼睛是雪亮的。因為他們跳脫了所謂的「規定」，用自己的方法在探索世界，追求新的發現。

看到蜻蜓在自己的眼前脫皮蛻變，孩子們心中會留下什麼記憶？我們發現，當孩子們回到屋內後，還會去翻閱圖鑑，查詢剛才的蜻蜓究竟是什麼品種。其中有些小孩覺得查了還不夠，便開始畫起圖來，想要將自己的所見所聞記錄下來。

令人新奇的是，他們並非是在老師的要求下才開使畫圖，而是想要自己做記錄，自動自發地開始畫。由此我們發現，讓孩子按照自己的步調去探索自然，對他們而言是最有效的學習方式。有了這些觀察，我們的下一步就是規劃如何在幼兒園現有的環境中，打造出最適合小孩探索自然的園區。

在幼兒園孩子可以尋找昆蟲認識自然。

孩子們正在觀察斐豹紋蝶。

捕蟬的小孩。

給予安全防護，
而非將孩子隔離自然

想要打造出適宜孩子探索自然的環境，首要之務，就是對所在地區內的生物進行調查。周邊的自然環境有哪些是適合孩子親近的，是樹木還是河川？確認這些之後，再依據調查結果打造出安全的場域。但「過度的安全」對孩子而言卻不一定是好事，例如種芒草。芒草是日本人所謂的秋季七草之一，自古以來就是人們所熟知的植物。芒草穗可以用來做成貓頭鷹，但在製作的過程中，一不小心就可能會被芒草的葉子割傷。

簡單來說，芒草是一項實用、適宜種植卻又容易使小朋友受傷的植物。但如果只因為這樣，就不讓孩子接近芒草是不對的。就像為了安全問題，就把園區整平、種上草坪、在每個角落裝上安全護套，讓小孩子就算跌倒也不會受傷。

孩子天生就有自己察覺危險的能力，若沒有考量到這一點，而以安全第一為園區的設計理念，是沒辦法讓小孩眼睛為之一亮或是感受到驚奇的。所以建造園區，除了必須考量到附近的自然環境，再來就是「適當的」安全。

大人小孩都受惠的生態園區

為了打造出最適當的幼兒園園區，我們組成了一個工作小組，針對園區的樹木、生物、當地的自然環境進行調查報告。在整體自然環境越來越差的這些年，我們除了期望打造出利於孩子學習的環境，更希望這個園區可以對維護地球環境有所幫助。

花壇、果樹、農田等，這些都是小朋友和生物接觸的重要場所。然而花壇的花除了可以用來觀賞，還能夠吸引當地生物進駐。例如我們所熟知的幸運草，不但能當作裝飾用，又因為是豆科植物，也能夠吸引黃鳳蝶。

黃鳳蝶除了會被幸運草吸引，還會受到芹菜的吸引。因此如果在水邊種一些芹菜，做為能提供花蜜的植物，把黃鳳蝶吸引過來，再配上一些醉魚草、馬纓丹，蝶類就會在園區駐足。有一家幼兒園，曾在園區內種植了菝契，吸引了琉璃蛺蝶進駐，並在園區內生長繁殖。藉著這些活動，除了讓孩子們有更多接觸自然的機會，也增進他們對自然的理解。

幼兒園的職員們通常是陪伴孩子成長的專家，但是對於生態自然，大部分是門外漢。僅管如此，曾經接觸自然原野的大人們，或許能夠利用大自然的環境，創造出適合小孩們的遊戲。但是一般在培養相關人才的大學或專科學校，很少有機會可以學到這些東西。所以說，園區營造活動不只

讓小朋友有更好的學習環境，更讓參與其中的成年人、父母親也因此有所成長。

該種植樹木還是樹苗？

位於京都府龜岡的幼兒園，主要種植自古以來就在該地區生長的本土植物。因為他們認為，和新的品種比較起來，自古以來就與當地生物有密切關係的植物，才是最適合在當地生長的。如果可能的話，他們考慮全面使用當地生產的樹苗，但由於取得不易。在這樣的況下，他們選擇自己從樹苗開始培養。

如果不是專業的工作者，要種一棵三公尺高的樹是相當困難的。但相對來說，樹苗的種植比較容易，只要有大人們的幫助，孩子也可以完成樹苗的栽種任務。

大家往往有一個錯誤的認知，就是種植大樹可以讓自然環境快速復原，其實不然。為了把大樹從苗床移植過來，必須先斷根。相反的，如果種樹苗的話，第一步就是養根，因此樹苗前幾年要長高並不容易，但是只要經過 5 年，樹苗的生長高度很容易就能夠超越一開始種植的大樹。

大自然是最好的玩伴

孩子的生活全部從遊戲開始，不論是辦家家酒、勞作、畫畫，還是運動，如果沒有遊戲的成分在就不好玩。所

京都龜岡的幼稚園在園區內種植在地樹種，樹苗種植後的第一年 (左)，樹苗種植後的第三年的變化 (右)。

以園區植物的栽種，除了使用當地的品種之外，還有一項重點考量，就是這些植物能不能夠提供小孩子玩耍？以大自然為玩伴的遊戲之所以有趣，就是你必須要照季節而改變遊戲內容。這是一場季節限定的遊戲，季節不同，遊戲內容就會大不相同。

從園區的日本長綠橡樹上，可以取得辦家家酒時所需要的果實。而秋天會變色的紅葉葉片，可以讓小朋友做勞作。如果利用園區的花和果實，再加以搓揉，便可以做出有顏色的水。比起使用一般的益智玩具，或許小朋友為了取得果實而攀爬樹木的過程，更需要動腦筋。

除此之外，當地的生物還會來吃果樹上的果實。例如種植枇杷後，小朋友們就可以近距離觀察到綠繡眼和栗耳短腳鵯等鳥類，他們對生物的興趣與關心也會從這樣的體驗中擴大，這些都是會永留在心中，從電視或電腦畫面上無法體驗到的感動。

隨四季變化的綠色隧道

我們所營造的園區，主要種植「能聚集生物」的植物，再加上被吸引而來的昆蟲、鳥類，企圖打造「生命的庭園」。例如照片中的連翹隧道，顏色變化多端。春天是黃色的隧道，到了夏天新芽冒出，變成亮麗的嫩綠色隧道。秋天開始，葉子紛紛掉落，變成一條沐浴陽光的明亮隧道。植物在不同的季節展現不同的丰姿，呈現不同顏色的花和葉子，引來許多小孩們喜愛的昆蟲。

美國著名生物學家瑞秋卡森，在其著作《驚奇之心 (Sense of wonder) 》

一般幼兒園中固定式的遊戲設施。

中，有這樣一句話：「用來自於大自然的力量，培養一種對於神祕性與不可思議性的好奇感」。孩提時代是否有花時間與身邊的大自然接觸？這些體驗都會影響小孩日後的人生。就算是位於都市中的幼兒園，只要在植栽上下功夫，也可以創造出豐富的生物環境。而一個可以吸引生物聚集的園區，正是現代所需要的。

隨著季節變換有不同風貌的植物隧道。

(左) 為了採摘果實而爬樹的小孩。(右) 媽媽和小孩子利用園區的野花作出野豌豆笛。

幫奈良的霍氏蠍蝽找到另一個家

為人工繁殖的瀕危物種尋找替代性棲息地

即使原棲地遭到破壞，我們還是能找到讓當地稀有種延續下去的辦法。奈良縣的居民，如何幫瀕臨絕種的霍氏蠍蝽找到另外一個家？

分類　🌱 自然環境　✏️ 環境學習

再生對象　　

稀有種霍氏蠍蝽

霍氏蠍蝽（學名：Nepa hoffmanni）是一種極奧妙的昆蟲，腹部前端有一個短短的呼吸管，顯示牠雖是水棲昆蟲，卻不適合住在深水中。牠喜歡在極淺的水邊植物之間活動，捕食濕地上的各種小動物。平時白天躲在濕泥中靜悄悄的，夜晚便開始出來活動。如果要找到牠，並不是用網子就可以輕易捕獲，而是必須把草撥開，花時間有耐性地等待才行。

霍氏蠍蝽的天敵是蛙類和鳥類。牠的分布遍及俄羅斯、中國、北韓，以及日本的本州、四國。但在日本國內，僅發現於香川、兵庫，和歌山、奈良、三重、滋賀、愛知、靜岡等地。

這樣特殊的分布，說明了亞洲大陸與日本列島密切的地理關係、以及昆蟲拓展生活範圍的歷史經過。霍氏蠍蝽因為欠缺後翅而無法飛行，導致分布的區域受到限制。再加上日本的濕地環境，不是被利用做為水田，就是被填土成為乾燥地，因此牠在日本國內的分布也更加受到侷限。日本有霍氏蠍蝽棲息的縣市，都將之列為「瀕危物種」或「天然紀念物」，也對牠們的棲息環境保護有加。牠的生命週期為 1 年，每年 5 月產卵，5 月到 8 月孵出幼蟲，7 月長為成蟲。

奈良縣首次發現原生種

2011 年日本國土交通省在奈良縣內進行環評調查時，於被規劃為國道建設的預定用地內發現了霍氏蠍蝽，這是奈良縣首次發現原生種。2003 年，為了避免因為道路的建設施工，破壞牠們的棲息地，導致無可取代的珍貴原生種從此消失，許多自然觀察人士、昆蟲研究者，以及環境再生的專家們聯手組成了保護對策協會。隨即展開了霍氏蠍蝽的棲息地環境調查，並收集其他縣市的相關資訊。令人驚訝的是，居然有昆蟲迷在得到相關資訊後，透過網路買賣霍氏蠍蝽的原生種。自此之後，保護對策協會便決定不再公佈牠們棲息地之詳細記錄。

搶救霍氏蠍蝽並尋找新的棲地

當動植物的棲息地面臨消失的危機時，還有一個可以讓物種繼續繁衍下去的方法，就是另尋場所，重現消失的原棲息地環境。當然，想在不同的地方創造出相同的生存空間，並不是一件容易的事，特別是濕地環境。過去這種做法有許多失敗的例子，但是為了拯救霍氏蠍蝽，保護協會雖然明知困難重重，還是願意一試。

協會為了減少道路建設計劃造成的傷害，在棲息地即將消失前盡全力搶救最大數量的霍氏蠍蝽。2004 年 11 月，協會在原棲息地分別搶救到雄雌各 25、17 隻的霍氏蠍蝽。

這些霍氏蠍蝽被帶到靜岡縣燒津市的櫻井淳研究室進行飼養，這個研究室專門進行生物棲息空間的調查與施工。雖然過去曾有飼養斑北鰍（Lefua echigonia）及螢火蟲類等稀有種生物，經繁殖後送回原棲息地的成功經驗。但霍氏蠍蝽的飼養和繁殖並不容易，且沒有足夠多的資料可以參考。

根據過去的經驗，櫻井淳判斷成功的關鍵在於現場的環境。因此他不厭其煩地造訪霍氏蠍蝽的原棲息地，探索當地環境，並觀察霍氏蠍蝽的生態。他發現，霍氏蠍蝽在自然環境下會捕捉濕地中常見的海蟑螂及水蟲作為食物。因此生活中常見的陸地生物，諸如糙瓷鼠婦、潮蟲等海蟑螂的家族成員，或許可以當作餵養的餌。另外為了避免互殘，一個容器中只能飼養一隻。如果一個容器中要餵養多隻以上，就必須選用大型塑膠箱。管理上除了須確認有足夠的天然餌以外，還要經常替換容器中的水，確保清潔衛生。經過 3 年的努力，霍氏蠍蝽從原本 41 隻繁殖到超過 2 百隻。

營造與原棲地相似的替代環境

為霍氏蠍蝽選擇新家時，一開始設定了以下幾種條件：①土地必須確保

霍氏蠍蝽的生命週期

成蟲 ♀ ♂   卵   稚齡幼蟲   成齡幼蟲

替代性棲息濕地的建構流程

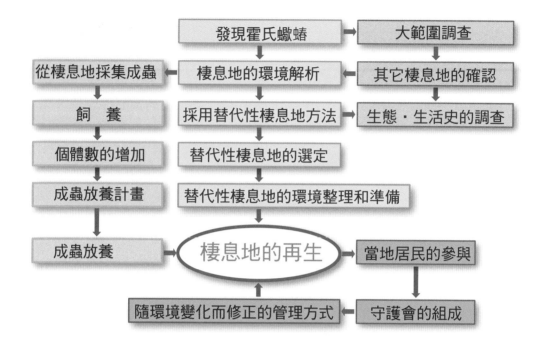

未來的穩定性、②距離原來的棲息地不可以太遠、③面積和原來的棲息地差不多大、④地形相似、⑤源源不絕的水源、⑥土壤性質相同。但實際執行時發現，要找到符合條件的用地不是一件容易的事。因此幾次變更後，終於在 2006 年找到了適合的地點——奈良縣的五條市。

五條市位於大和盆地西南邊，自古以來就是連結大阪與紀伊的交通要衝。這裡距離原棲息地不遠，陽光充足。用地略呈橢圓形，是個低窪地，面積約為 130 平方公尺，和原來的棲息地差不多大小。因山上流下來的地

下湧水十分豐沛，形成的小河不但可用來灌溉稻田，也自成濕地。

我們在小河流入口加裝了量器，以控制流入的水量，並在窪地內開闢兩條水路，讓水可以流動通氣。有了加裝的水量自動測定器的監控，我們發現流入窪地的水量雖會受到降雨影響而出現變化，但卻足以確保這個窪地成為濕地。

至於棲息地所要種植的植物，經過觀察，原棲息地以戟葉蓼、水芹菜、陌上菅等水生植物佔優勢。原本應該把這些優勢植物連同土壤移植到新棲

息地的，但考慮到現實狀況，加上新棲息發現的不即時，以至無法如願。

在沒有其他辦法的情況下，只好從距離舊棲息地最近的地方尋找戟葉蓼等優勢植物，並移植到新棲息地。其它的植物，除了北美一枝黃花（Solidago altissima）和大葛藤（Pueraria lobata），因為生長太過茂盛，在管理上會加以拔除，其它的植物就任其自行生長。經過許多的努力，這塊「人造的」濕地已發展成和週邊濕地幾乎一模一樣的狀態了。

首次放養順利繁殖

飼養霍氏蠍蝽的初期階段，因為繁殖困難，吃了很多苦頭。後來狀況漸漸改善後，已經繁殖出足夠數量的霍氏蠍蝽。而另一方面，替代的棲息地經過長期的遠距監控，保護協會確認各種昆蟲、生物已經開始繁殖，並且數量穩定增加，做為霍氏蠍蝽的食物來源十分充足。種種的條件都符合後，協會於 2007 年進行了第一次的霍氏蠍蝽放養。

我們將從研究室帶來的人工繁殖的成蟲，分別做上記號，以便日後可以和由濕地週邊入住的霍氏蠍蝽做區別。這一天，所有相關的成員齊心協力，把繁殖的 150 隻健壯成蟲放入了這個代替的棲息地中。我們判斷，這個時期放養的霍氏蠍蝽成蟲，不太需

從原棲息地搶救霍氏蠍蝽。

霍氏蠍蝽在靜岡的研究室飼養。

新棲地完工後三個月，植物的生長狀況

要捕食，很快就會進入越冬期。隔年5月，在替代的棲息地進行調查的結果，我們找到了 15 隻成蟲，其中還包含了沒有被做上記號的，顯示除了原本放養的霍氏蠍蝽外，也有從週邊遷移過來的成蟲。除此之外，我們還在產卵期發現發現 22 個卵，顯示棲息在這裡的霍氏蠍蝽，其生長狀況也漸入佳境。

學校的參與帶動社區認同

這項保護計劃的執行，結果十分成功。現今最重要的問題是這個替代性棲息地，今後是否能夠維持下去？因為過去也有不少螢火蟲棲息地復育成功，事後卻因管理人手不足，以至於螢火蟲不再出現的例子。就在我們

的計劃接近尾聲時，奈良縣政府發表了紅色警戒書，除了確認霍氏蠍蝽的棲息記錄之外，並將之列為「瀕危物種」。

出身當地保護協會委員的窪田先生，找到五條市的教育委員會和位於新棲息地附近的阪合部國小，除了向他們介紹霍氏蠍蝽之外，也再次強調了保育這個物種的重要性。幸運的是，當時的校長山脇豐先生對這個議題深感興趣，於是便和五年級的學童一起嘗試在學校飼養霍氏蠍蝽。交給小朋友們飼養的 24 隻成蟲，後來總共產下了 100 個卵，經過小朋友細心的照料，最後成功培育了 7 隻成蟲。

霍氏蠍蝽的第一次放養。

暑假期間，他們還把成蟲帶回家，以免霍氏蠍蝽在學校無人照料。這個計劃成功吸引了阪合部國小的學生參與霍氏蠍蝽的保護活動，關心這個議題的人也越來越多，後來甚至舉辦霍氏蠍蝽的研討會，參與本次計畫執行的相關人員和小學生們在學校齊聚一堂，小朋友們上台發表飼養的結果和感想，獲得了家長們的熱烈鼓勵。

在最後一批放養的霍氏蠍蝽中，也包含了小朋友們所養育的成蟲，窪田先生希望透過這些活動，讓其所組織的「霍氏蠍蝽守護會」得到當地居民的支持。因為這個棲息空間的管理，若能由當地居民幫忙，是最理想不過的。而且，若霍氏蠍蝽能夠在此順利生長，進而提供小朋友們一個能夠親近自然的環境，更是相得益彰。

為了避免開發行為對自然環境造成影響，在計劃階段，就應檢討對策，

甚至有時候為了迴避對環境的影響，必要時也會變更計劃。這一次，因為在計劃執行時意外找到了霍氏蠍蝽，在無法改變原開發計劃的狀況下，成員們判斷建構替代性棲息地是最佳選擇。結果證明即使在人為的環境中，霍氏蠍蝽也能夠不斷地繁殖。成全了原本的開發案，又保護了稀有動物，這是一個雙贏的成果。

目前有愈來愈多道路建設公司，開始標榜建造「不破壞自然的道路」，並表明未來道路建設將兼顧減緩對生態系的影響以及加強自然環境的創造。但是，看看位於都市近郊的山區狀況，可以發現大大小小的破壞仍層出不窮。如果這樣日積月累下去，將嚴重傷害日本列島的生物多樣性，造成瀕臨滅絕物種的增加。期待今後不要採取錯誤的對策，而能在永續的管理下守護日本都市近郊山區的環境。

(左) 阪合部國小的學生在霍氏蠍蝽研討會上進行報告。(右) 阪合部國小的學生舉行的放養活動。

幫助孩子走出震災傷痛的生態池

學會珍愛生命的柔和空間

我們可以從辰見武宏老師的手記，了解到他之所以想建造生態池的心路歷程。生態池不僅保護了生物多樣性，也是讓孩子重新喜愛自然的契機。

分類 自然環境　✎ 環境學習

再生對象 環境教育　 都市

阪神地震的創傷需要撫平

1995 年 1 月 17 日發生在日本的阪神大地震，不只對經濟造成嚴重衝擊，也在許多災民的心中留下陰影。位於受災區的神戶市立御影國小，希望藉由在校內建造生態池的方式，轉移小朋友的注意力，幫助他們早日走出傷痛。

營建生態池，需要許多志工的參與，其中有一個關鍵人物——御影國小的老師辰見武宏，他可以說是帶起這股風潮的重要推手。在他的引導下，許多學校重新思考生態池與教育的關聯，並開始積極地建設生態池。

利用親近自然克服對自然的恐懼

以下是辰見武宏老師的手記，我們可以從中了解到他災後之所以想建造生態池的心路歷程。

「不管怎麼說，活著就好」。2 月

災後由許多人攜手建造的神戶市立御影國小生態池 (1996 年)。

6 日，學校恢復上課。孩子們穿過隨時有可能倒塌的房舍，來到了學校。附近的許多建築都化成灰燼，大火奪走了許多生命。在身處劇烈搖晃的那一瞬間，我也不由得陷入恐懼，意識到死亡的接近。小朋友們有的失去了家園，活在餘震恐懼中，有的被迫離開了最愛的神戶。學校完全停擺，變成了避難的場所。小朋友和老師們都期待學校早日恢復上課。許多小朋友在目睹這些情況之後，開始對大自然心生畏懼。我希望他們能重獲安全感，於是就開始帶領他們親近大自然的活動，例如賞鳥、綠化運動等。

令我訝異的是，有四年級的小朋友主動表示，希望用自己的力量幫生物們建造一個生態池！小朋友們帶著像是要建造一個祕密基地的心情，興高采烈的挖起了水池，每個人都十分積極的參與，覺得自己正在做一件大事。

有了小朋友的熱情參與，後續借助許多志工及當地民眾的幫忙，生態池終於完成了。這個生態池集結了許多人的力量，為了彰顯它「群策群力、攜手合作之美」，我們將它取名為「森林之圓池」。森林之圓池的存在具有撫慰人心的力量，它提供了小朋友親近自然的機會，是他們可以暫時忘卻傷痛，安心停留的場所。

生態池的建造過程。

小朋友們挖池子的情形。

神戶的生態池前奏曲

雖然森林之圓池具有重大的意義，但它並不是第一個由學生們建立的生態池。在阪神大地震發生前，就有學童關注人與自然如何共生的議題，而在校園裡建造了一些生態池的先驅性建置，這就是 1992 年神戶市立名谷國小校園裡的人工生態池。

當時這個校區因有許多大型道路的建設，導致原本有各種生物棲息的水池接連遭到破壞。佐藤和子校長對此深感憂心，想到或許可以在校園內挖一個水池，把水草移植過來，然後飼養蜻蜓，以保護原本的生態系統。為了讓蜻蜓可以成功孵化，在獲得當地校友的協助下，小朋友們利用傳統的方法，用池底的泥土鞏固水池四周，齊心協力完成了這個生態池。當這個水池開始出現蜻蜓飛舞的蹤影時，學生們的興奮之情溢於言表，當地的電視台也加以報導。

在地企業提供生態池材料

神戶在經歷大地震後，居民間更加團結，社會團體的志工活動蓬勃發展。許多當地企業紛紛提供材料和技術，協助學校建造生態池。其中又以三星皮帶公司有最大的貢獻，值得特別介紹。該公司除了免費提供鋪在生態池底的合成橡膠布，公司職員還以志工身分協助施工，不僅增加了物力還提供了勞力。在他們的協助下，地震發生後的十多年之間，在校園內設置有生態池的學校急增，讓神戶成為全國罕見的校園生態池都市。

管理生態池成為小朋友們的作業

學校的生態池雖然已經完工，但要維持池子的環境並不是一件容易的

(左) 學生們開會商量決定要在池子裡養什麼生物。(右) 學校教職員在水池中種入水草。

事，又是另外一個挑戰。一般來說，生態池的運作與管理不由學生直接參與。但神戶市立向陽國小的生態池卻是例外，他們派給了學生一項「管控作業」。

這項作業的重點在於如何從科學角度觀察，得知生態池內的生物如何適應環境變化，對於學生們而言是一項非常重要的任務。向陽國小的管控作業，最大的特色是每年舉辦四次捕撈水蠆（蜻蜓幼蟲）的活動。這個活動

(左)小朋友進入生態池進行生物採集。(右)小朋友們在專家的指導下進行生物鑑定。

(左)在地企業公司職員協助鋪設防水橡膠布。(右)在當地企業的支援下完成的生態池。

由指導員陪同小朋友進入生態池中，除了可以提高小朋友的好奇心，也向學生們傳達了一個重要的概念——人為的攪亂有時對於生態系的維持是有正向效果的。

一坪水田，一個重新了解土地的機會

神戶各個學校的生態池，陪伴許多人走過十多年的歲月。回顧過去的發展，我們發現生態池確實具有教育上的意義與效果，因此有延續下去的價值。但這畢竟是生物的棲息空間，管理和運作上必須要有更專業的協助，光靠本業是教書的老師來維持，還是有所不妥。因此，如果能有校外專業的 NGO 或企業的協助，就可以讓學校擁有的寶貴空間得以永續，不致於因不當的照顧而荒廢。當然，學校的生態池畢竟也是一個教育場所，因此必須緊密配合學生的學習進度與在校生活。

接下來要介紹另一個例子，它兼顧了教育情況與社會動向，做為今後發展的目標，非常具有代表性。神戶各學校的生態池中，蜻蜓池占了大多數，因為維持管理相當困難，有許多意見反映應加以改善。在此情況下，「一坪水田」就這樣誕生了。一坪水田是一個小型的人工濕地，學童可以在濕地上種植稻米。不僅讓都市裡的小孩實際體驗播種的過程，也剛好配合小學五年級社會科的課程——糧食生產。稻米是日本人的主要糧食，這個體驗讓學生有機會思考自己的米食生活、米食文化。

隨著稻米的生長，一坪水田中的生物如青鱂魚、水蠆等也紛紛出現，變成了一個生物多樣性十分豐富的理科活教材。一坪水田不但為高年級學生提供了學習教材，也為年齡較小的學童提供了親近植物和觀察水生植物成長過程的機會。

(左)十年間一直維持著完整小生態系的學校生態池。(右)神戶市立雲中小學的
小朋友在迷你生態池中放養青鱂魚。

(左)神戶市立東灘小學的小朋友在運動場上的生態池播種。(右)一坪水田不但長出了
水稻,還成為青鱂生態池。

與稻草屋重修舊好

森林、農田與人類生活的良性循環

失去地域特色的住宅

為了適應各地的氣候、風土，人們會因地制宜、就地取材，以當地的傳統技術蓋房子；所以，在從前不管哪裡的聚落，當地的房子因為都使用在地素材而形成一種統一感的特色景觀，居民的心中也產生了與土地連結的歸屬感。

反觀我們現在住的城鎮，清一色是以北美郊區住宅為樣板的房舍、柏油路，還有看來看去全都一個樣的公園、植栽；放眼望去，淨是些特地從別處運來的盆栽，與當地毫無地緣關係的樹木，連裝飾庭院的草花都以經過基因改造的品種為主。

至於住宅本身，則是可以隨建造者的意運到日本各處。因為現在的建材都是工廠大量生產的規格品，住宅不論內外幾乎都使用石油的副產品做材料；在現代高度產業社會大量生產、大量消費、大量廢棄的情況下，住宅只是消費品，無法與地區特色結合，也不再擁有獨特的魅力。這景況猶如和大地切割分離，找不到故鄉的迷途遊子一般。

稻草物語和稻草之家

古時候的日本，稻草也是蓋房子的重要建材。稻草的用途很多，從拿來敷蓋屋頂，加工成榻榻米、草繩，或者混合黏土做為土牆的粗胚，甚至連

(左) 與大自然融為一體的聚落景觀。(右) 自新興住宅區的量產住宅，多數散佈在郊外聚集形成田地和里山。

廣為人知的祭祀用品「注連繩」也是用稻草做成的。（譯註：注連繩，一般結掛於神社，用以製造「結界」，區隔人世與神界，有「此繩內為神之境界，不得侵犯」的避邪意味。過年時，日本人也會在門上掛注連繩，象徵「清淨、迎神、招福」之意。）稻草可說是日本居住文化的代表物，但高度經濟成長下日本人的生活環境改變了，現在幾乎少有人會將稻草和住宅連結在一起。

傳統日本文化以米飯為主食，每到秋天便要收割。收割後，沒有其他用處的稻草就會在田間堆成稻草堆，任其腐化成為肥沃的腐植土，蘊含數不盡的微生物，讓之後種下的農作物可以結實纍纍，維續人們的生命。所以說，稻草可說是取諸於大地，還諸於大地，讓生命循環生生不息的優質素材。古時候日本人拿用稻草蓋房子，留下無數人類與稻草的文化連結，現在，我們還要將這連結延續下去。

2000 年之後，稻草屋 (straw-bale house) 的研究在國內逐漸普及。所謂的稻捆 (straw-bale) 就是把稻草壓縮成立方體的稻草磚。將稻草磚一塊一塊疊砌成厚厚的牆，外抹灰泥的建築物就是稻草屋，筆者暱稱它為「藁舍」。

稻草屋有優異的隔熱、調濕、蓄熱性能，以及絕佳隔音效果。冬季射進屋內的日照熱能會被吸收蓄積，等到太陽下山以後，不必立刻開暖爐，室內仍能保有一段時間的溫暖；到了炎熱的夏季，稻草則成了烈日的絕緣體，一進到室內便有絲絲涼意，彷彿置身在古時候的茅草農家一般。

除此之外，壁土能自然的調節室內空氣的溫濕度，濕度大時自動吸潮，乾燥時又自動釋出。因此，稻草屋本身冬暖夏涼，不需要冷暖氣，也不需要除濕機，屋牆的本身就是會呼吸的空調裝置，而且建材完全沒有對人體有害的化學物質！正是那種最後會回

(左) 注連繩是代表神祇所在的神聖之地。稻草自古便是將物與心靈文化連結在一起的素材。(右) 強而有力的稻草牆。稻草牆被稱為會呼吸的牆壁，具有調節室內溫濕度的功能。

歸大地，不折不扣的低耗能、環境循環型的建築。

稻草屋的好處不單只是有益健康、對環境負荷小而已，它更擁有現代住宅所沒有的文化底蘊，是會喚起土地記憶、修復心靈的建築。

來自田園和森林的家

當海外砍伐的木材源源不斷地輸入日本時，日本的住宅可說是加劇全球性環境破壞的推手；這同時，日本國內的森林卻不做間伐，不做管理，任憑荒廢殘敗。森林復育本來就是自然環境再生的一環，讓房屋建築材料都盡量就地取材，利用田間、雜木林、竹林、水邊有的天然素材，重新找回家屋和土地的連結，就成了不可或缺的選項。

2004 年，筆者和其他兄弟在海拔將近 1000 公尺的八岳南麓一起蓋稻草屋，並取名為「藁舍」。起源於父親留給我們的土地（山梨縣北杜市），35 年來無人聞問，庭院裡的樹木徒長鬱蔽，陽光幾乎照不進來，完全是當前許多日本森林的寫照。

我們從採伐庭院裡的樹木開始，以院子裡被砍伐下來的檜木做了藁舍的柱子，赤松則做了藁舍的樑。而開始啟動稻草屋計劃的時機，理所當然在秋收，稻草屋所使用的稻草取自滋賀縣大津市，是由筆者任職的大學附近的里山，收集來的稻草，經自然乾燥後，壓縮成稻草磚。最理想的施工時機，莫過於隔年春暖花開的時候：蓋稻草屋不是看蓋的人什麼時候方便，而是要順應大自然的規律而行。

日本的法規規定，稻草屋必須和木結構等組合搭配才能蓋。試想一下，這可是一個將地區森林和當地傳統房舍搭建技術結合在一起的大好機會。

筆者親自參與施工，將稻草、泥

(左) 大夥一起採伐庭院裡的樹木。砍伐下來的赤松及檜木，分別用來做為「 舍」的樑和柱。(右) 上樑吉日立起大黑柱 (譯註：建築物中最粗的柱子，負責擔負主樑的重量) 的當地工匠，連一根鐵釘都不用的傳統工藝。

土、竹子、蘆葦、麻和稻穀等，這些在高度經濟發展下早已被遺忘的在地素材，結合國產木材，靠著師傅們精湛的傳統工藝構築起稻草屋。在藁舍的施工現場，師傅們屢屢提出令人拍案叫好的點子，休息時我與他們愉快地閒話家常，發現昔日所傳承的技藝，裡頭蘊藏了多少簡樸而合理的環保智慧，原本都沉睡在他們的心底，現在通通醒過來了。這些優異的工藝技術還未消失，就像區域裡的水脈一樣，世代永續流傳。

串起人與人之間情感的家

針對砌稻草磚牆及墁土粉刷這兩項工作，我們特別策劃了一個體驗營的活動，透過網路募集施工者。除了主事者、主事者的家人，還有當地的工匠師傅以外，短短三個星期的時間，徵集到來自當地及首都圈為主的近300位素人志工。

對起造人來講，舉辦體驗營是一項大工程，其中也有人認為徒增困擾而相當抗拒，畢竟蓋得是自己夢想中的家園，卻要讓素不相識的他人來介入。舉例來說，起造人跟志工一起工作，若志工笑嘻嘻地說：「啊，做得不好。嗯，那就將就一點吧。」相信屋主聽到應該會難以忍受吧？儘管如此，我還是堅信一座心心念念的屋宅，能夠交給不特定的多數人來完成，具有重大且深遠的意義。

從前的人蓋房子，往往親朋好友、左鄰右舍通通會來幫忙，從引河水、鑿水井、到山裡伐木，分工合作。反觀今日，房子感覺就是拿錢出來就能買的東西，從設計規劃到施工、完工、裝潢、修繕，全部由專家一手包辦。想要蓋房子的人，只要把自己的想法告訴專家，然後付錢就可以買到房子這件商品了。

雖然大家都很在乎住的問題，可是，房子和入住者之間的關係卻異常疏遠而冷淡。這次，就是想透過稻草屋體驗營試著修補住宅與家人的關

(左) 正在製作竹條的志工，竹條的作用是為了固定稻草磚。(右) 利用草繩和竹條進行綁紮固定稻草磚，形成稻草磚牆。

係，重新思考什麼是家？打造一個家的意義又是什麼？

來到體驗營的人雖然有著不同的觀念，卻都是以自己意志自遠方而來。他們在施工現場，以雙手觸摸素材，揮汗工作，從中認識了很多朋友，結束後各自回到居住地。稻草屋的施工現場串起了人與人之間的情感，所有的參與者都在這兒對屋子奉獻出心力，而且體會到造物的喜悅。

參加體驗營的人幾乎都是初體驗，相信這些年輕人、還有孩子們今後對住宅的想法，必定會大為改觀；而以往對他人、自然、鄉土不曾有過關注的人，在經過這項體驗的洗禮後，個人身、心、靈的回路必然會被打開。

稻草屋就是里山

現在的新興住宅區，植栽規劃從不考慮當地生態，建材也都使用有化學添加物的材料，蟲鳥根本不願意接近。然而，這幢用泥土、木頭、稻草蓋起來的屋子可是聚集了許多生物。

在陽光遍灑的庭園，許久不見的鳥兒、蟲子都回來了。其實在施工期間，就有像蛇、蜥蜴、壁虎、野鼠、蜜蜂、天牛、蟬、蛾等生物，不約而同地被泥土香和稻草香誘導而來。或許有不少人要因此猶豫了，不過，這原本就是「自然住宅」、「生態屋」應有的樣貌啊！對人類來說是安全、舒適的家，同樣對牠們來說也是安全、舒適的環境。如果是危險的地方，有什麼生物願意靠近呢？

擁有蜜汁、餌食的住家庭院，自然會吸引野生的小動物、昆蟲和鳥類 前來。這些生物就這樣往來於巢穴附近的水邊、森林和住家庭院之間。充滿了原生植物和當地素材的庭院和家屋，兩者完美地融入里山環境中。也就是說，一個家也成為區域中生態系統的一部份，藁舍成為生命與生命相遇的

(左) 藁舍的北牆，因為由稻草磚堆砌而成，故牆面有些曲面弧度。(中) 大家把帶來的貝殼、小石頭嵌入壁面。(右) 經過採伐後，陽光再度照進藁舍的庭院，久違的蝴蝶再度現蹤。

地方，不但讓人重新認識與自然的關係，也考驗著人與自然之間的關係。

攸關生命存歿的家

這些不請自來齊聚在藁舍的生物們，其實都是童年在周遭時常可以看見的老面孔。那時我住在東京，自西元 1955 年開始的東京還是個生態豐富的里山世界，連綿的里山如同一面大網涵蓋了整個東京。

當時沒有冷氣也沒有紗窗，每到夏天，只要門窗一開，蟲子飛進屋裡又飛出屋外。那時候沒有人會覺得奇怪，看在眼裡都是稀鬆平常、極其自然的現象，人們的心都有餘裕去享受與蟲共舞的樂趣。住宅本身存在著與生命共生的厚度。

藁舍所描繪便是這麼一幅令人懷念的美麗風景。用泥土、木頭和稻草蓋起來的稻草屋，是維持生物多樣性的家，讓小小的生命願意自外歸來同住。也再次連結起那些就快被我們遺忘的大地記憶。

蓋這棟房子，是為了找回被經濟效益掛帥的社會丟棄的東西，同時也把緩慢循環的、微小的、鄉土的事物一起找回來。藁舍將會成為重新連結人與人、人與自然、人與鄉土而蓋的住宅新指標。

(左) 特地在玄關的牆上開了一扇「真實的窗 (truth window)」，透過玻璃可以看到牆壁內部的稻草。會悠哉游哉地呼吸的稻草屋，每個人都忘不了住在這幢稻草屋裡的生活。(中) 父親以前種的樹，現在變成了樑、柱，繼續與我們一起生活。榻榻米下方的鋪了經過煙燻的稻穀殼。(右) 藁舍為森林點燈。悠哉的慢活時光，人與藁舍的相遇。(攝影／齋部功)

棄耕水田變身人工溼地

重建濕地生態池和生態系網絡

　　一般生態工程在建造後，都會有嚴密的管控。然而古鷹山生態池卻反其道而行，於完成後的第一年不做任何經營管理，任由生物自然生長，這麼做有什麼好處？

分類 自然環境

再生對象

古鷹山生態池原為水田

　　古鷹山生態池，位於廣島縣江田島市古鷹山的山腰上，標高約 392 公尺。以前這裡是一片水田，後來一度被棄耕，現今已改造為半濕地生態池。

　　過去的古鷹山，除了有部分的土地被指定為生活環境保全林，還包含了學校的林地，因此環境相當好，是山友和市民們親近大自然的絕佳場所。被林地圍繞的水田，孕育了許多生命，其中包括了以濕地為棲息地的水生昆蟲，或者生命週期中的某一階段必須在水中度過的生物。

　　近年來，山坡地上水田棄耕的情形日益嚴重，長久以來無人整理照顧，乾燥的田埂上漸漸長出了如北美一枝黃花這樣的雜草。時間一久，這些植物愈來愈具優勢。慢慢地，水田變成了乾地，連帶影響了自然景觀（如右頁中右圖）。為了改善這個問題，町公所（現為江田島市）於 2005 年買下了此處的水田用地，並決定將這裡改造成半溼地的生態池，希望能重現從前的綠意盎然。

為當地生物打造生態池

　　至於為什麼要將此地規劃成半溼地的生態池呢？其實這是經過調查與評估的。在事先的調查過程中，工作人員在附近尋獲了許多生物，其中包括日本負子蟲、日本紅娘華等水生蝽象類生物，以及黑斑蛙、日本山赤蛙等兩棲類生物。

　　有了這些發現，代表這裡適合作為一個溼地生態池，訂定目標後，我們很快便開始準備計劃。計劃中我們有一個核心的理念──凸顯本地特有的生物多樣性，且不破壞原有的景觀和週邊環境，希望打造一個自然形成的溼地。

接引水源建構生態環境網絡

　　我們希望可以保存本地固有的自然生態，並進一步創造出以古鷹山森林

(左) 耕作中的水田。(右) 棄耕的水田很快變成乾地，自然景觀也為之改變。

(左) 古鷹山的森林公園。(右) 棄耕地中長出茂密的寬葉香蒲等高莖植物。

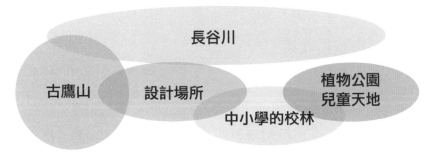

建構一個有水、能夠活絡當地特色的生態環境網絡

公園為核心的周邊自然環境。林地周圍，有一條名為「長谷川」的溪流，過去灌溉水田的水接皆自長谷川，現在我們也希望能引長谷川的河水，作為生態池的水源。

以水生生物棲息環境為目標

近年來，因為棲地遭到破壞，日本負子蝽和日本大龍虱等水生蝽象類生物日漸稀少。根據事前的調查，確認了這裡有許多水生生物棲息，再加上從前就是溼地，水源十分豐富。因此在設計上，我們以創造出適合水中生物所居住的環境為目標。

空間配置上，我們規劃了水池、濕地以及林地。植物方面，水池中種植了出水性、浮水性以及沉水性等各類植物。動物方面，水池和濕地提供蜻蜓、蛙類等生物產卵以及度過幼蟲時期。林地則提供鳥類與蝶類等生物棲息。而接近上游的地方，我們規劃了草地，提供蝗蟲、小翅稻蝗等昆蟲棲息的空間。

成立追蹤委員會監控成果

這個生態池於 2005 年完成。當初我們計劃完成後的頭一年不做經營管理，任由生物自然生長。由 2006 年起再開始實施追蹤管理，我們發現濕地的水邊長出了皺果薹草 (Carex dispalata)，附近也有蜻蜓活動的蹤跡。但在上游部分引水入田處，發現

了寬葉香蒲（Typha latifolia L.）、雙穗雀稗（Paspalum distichum）等植物入侵，其中還有外來物種粉綠狐尾藻（Myriophyllum aquaticum）出現。

我們與江田島市公所都市計畫課協議，以 NPO 法人日本生態池協會和 NPO 法人自然環境復育協會的會員為核心，成立了追蹤委員會，制定了一個 3 年的追蹤管理計畫來進行培育和管理，以了解生態池完成後的生物生長狀況。追蹤管理計畫以 3 年為一期，每年皆會根據前一年的追蹤管理評估，於下年度開始時前進行報告，並加以調整。

定期移除外來種

追蹤作業基本上選在秋天的觀察會或舉辦研習會時實施。透過這個活動，可以對以下兩個問題進行探討。一整年內生態池中出現何種動植物？是否有外來種入侵？依據這些追蹤成果，再進一步制定下年度的管理方針。

根據觀察，濕地與步道連接處長出許多北美一枝黃花以及大狼把草，濕地內也長出茂密的寬葉香蒲和水蘊草。因此培育計畫的目標，就是要移除上述這些外來種。一般而言，被拔除的植物都會堆放在生態池內的觀察步道旁作為堆肥。另外，我們曾經在

溼地生態池全貌 (2006 年 6 月)。

(左) 生態池可見茂密的寬葉香蒲。(右) 綠狐尾藻是入侵的外來種。

清除的雙穗雀稗和水蘊草等外來植物中，發現日本負子蝽、日本紅娘華、大牙蟲、水薑等昆蟲的蹤跡，因此再處理前事先確認其中是否有生物生存，也是不可或缺的工作。

生態池的復育成果

生態池完成後，周邊的小學生經常到這裡，進行環境學習或自然觀察。透過觀察會以及追蹤調查，我們發現了屬於瀕危物種的日本茨藻、滿江紅（Azolla imbricata），以及瀕危物種的朱紅細蟌（Ceriagrion nipponicum），還有數量也屬於危險邊緣的日本負子蝽和蜻蜓類生物。經過4年的管理與追蹤調查，我們發現即使是人造的環境，只要有良好的培育和管理，也可以創造出適宜生物生長的地方。

今後主要的工作，就是持續進行追蹤調查，並將結果即時運用到管理作業上。而未來的展望，是建立一個以當地居民為主體的管理體制，繼續維護該地的生物多樣性。

追蹤計畫的基本構想

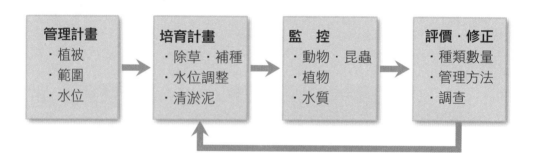

目　　　標：濕地生態池
管理計畫：明定目標內容全貌
培育作業：驅除外來生物，清除河水流入口的泥沙
追　　　蹤：收集分析與評估用的資料
評估、修正：依據追蹤結果所做的評價進行分析，檢討下一年度的計畫

(左) 從移除的植物上發現負子蟲。(右) 蜻蜓的鑑定研習會。

(左) 朱紅細蟌交配。(右)9 月上旬，千光屈菜開花的樣子。

生態池常有小學生前來進行
環境教育。

連結泉與川，重建重信川活水

修繕泉水，整治河道，讓乾涸的河川再生

「重信川生物棲息空間研究會」根據重信川整建構想成立，希望能讓
多人重新認識水泉的歷史以及文化，還有其對自然的重要性。

分類 自然環境

再生對象   河流

與農村生活緊密連結的水泉

重信川流經愛媛縣松山平原，最後流入瀨戶內海，全長總共 36 公里，是典型的扇狀地河川。重信川的地表流量並不大，中游的部分甚至有一整段沒有流水只有石頭的河床。

雖然重信川的地表流量不大，但此處地下水蘊藏量豐富，自 1903 年起就有多處被開發作為灌溉用的水泉。這些水泉除了提供灌溉與生活用水，更是許多生物棲息的場所，和人們親近自然的地方。根據愛媛縣立博物館 1995 年的報告，重信川附近至少有 131 處的水泉。這些水泉和松山平原的農村生活緊密連結，是創造傳統農村風景的重要元素。

過去隨處可見的水泉，
如今所剩無幾

目前尚存的水泉當中，自然湧泉只有不到 50 處。其中，周邊自然環境維持良好，甚至還有麻櫟（Quercus acutissima）、栓皮櫟（Quercus variabilis）、枹櫟（Quercus serrata）等樹林環繞的，只剩三村泉、龍澤泉等 5 處。這幾處水泉被公認為松山平原中保存最好的自然生態，這些成果全都歸功於當地居民的用心維護。

各個水泉流出的水，互相連結流通，像網子一般包覆松山平原。棲息其中的生物可以藉著水路連結到其他水泉或者重信川，形成了一個豐富的生態網絡。一直以來，水泉的管理都以割草、疏濬、水路清掃為主。近年來，由於務農人口高齡化和後繼無人問題遲遲未解決，目前的管理方式也逐漸簡化，便於年長者上手，繼續為水泉的維護盡一份心力。

前面有提到，重信川在中游流域的地表流水量稀少，近年來這個問題日漸嚴重，甚至影響到了棲息在這裡的魚類和其他生物。加上周邊原有的雜樹林面積減少，都市化伴隨的支流水質惡化等問題，導致重信川的整體環

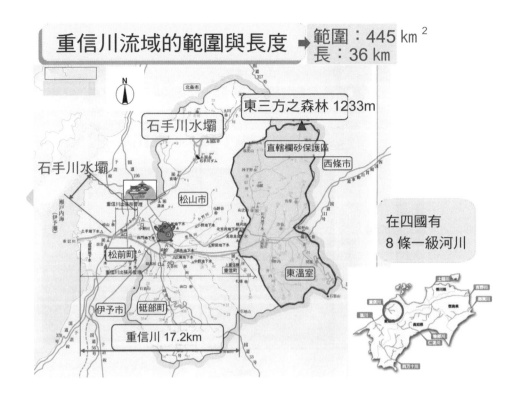

重信川流域的範圍與長度 → 範圍：445 km²
長：36 km

東三方之森林 1233m

石手川水壩

直轄欄砂保護區

西條市

石手川水壩

松山市

在四國有
8 條一級河川

松前町

東溫室

伊予市　砥部町

重信川 17.2km

修繕前的龍澤泉。

重信川的無水域景況。

孕育重信川自然環境之會的活動概念

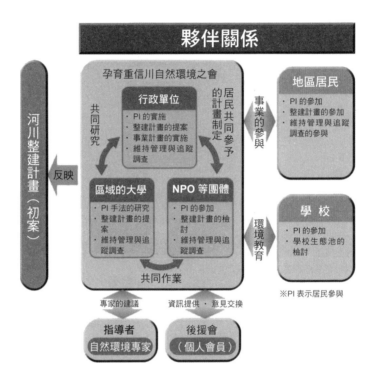

夥伴關係

孕育重信川自然環境之會

行政單位
・PI 的實施
・整建計畫的提案
・事業計畫的實施
・維持管理與追蹤調查

共同研究

居民共同參予的計畫制定

區域的大學
・PI 手法的研究
・整建計畫的提案
・維持管理與追蹤調查

NPO 等團體
・PI 的參加
・整建計畫的檢討
・維持管理與追蹤調查

共同作業

河川整建計畫（初案）

反映

地區居民
・PI 的參加
・整建計畫的參加
・維持管理與追蹤調查的參與

事業的參與

學 校
・PI 的參加
・學校生態池的檢討

環境教育

※PI 表示居民參與

專家的建議　　資訊提供・意見交換

指導者
自然環境專家

後援會
（個人會員）

龍澤泉的石牆堆砌實景。

保留完整且豐富的三村泉自然生環境。

境再不比以往。不僅如此，因為重信川有許多兩段式防洪設計的霞堤，還有將水泉連結到霞堤的水路，這些設施年久失修，使得重信川的整頓更加迫在眉睫。

水泉的修繕與重信川再生計畫

1 保留水泉的古早味

龍澤泉大約建於 200 年前，由人們徒手挖掘形成，周邊有長著麻櫟的雜樹林。雜樹林沿著水路往下游延伸，整體環境十分良好。不過因為年代久遠，周圍的石牆崩塌嚴重，因此整個水泉的修繕計畫，決定從龍澤泉開始著手。龍澤泉的修繕重點，在於最大的程度保存原來的樣貌。將舊石牆原來的石頭回收利用，重新堆砌，希望留下當初的景觀，重現當年風華。

2 重信川整治的三個重點

重信川的自然再生計畫，除了希望重現水與自然的連結網絡，也期望能讓當地居民更緊密的連結在一起。再生計畫的主要工程包括：整治松原泉，藉以恢復水泉與重信川的連結網絡；恢復霞堤的自然環境生態；重新培育河口的蘆葦田，藉以做為綠色自然環境網絡的據點。

環境再生需要多方努力

「重信川整建構想」於 1996 年提出，提議「建構一個能和水泉連結的生物棲息空間網絡」。當時的四國建設弘濟會理事長中西先生，依據這個概念，成立了「重信川生物棲息空間研究會」，並聘請當時任教愛媛大學的水也教授擔任主任委員。透過這個研究會，希望讓更多人重新認識水泉的歷史以及文化，還有其對自然的重要性。研究會所關心的議題，除透過報告書發表之外，也在研討會中提出。2000 年研討會以「水泉，邁向未來」為題，廣邀各界參加，其中包括行政、學界、當地公民團體、環境 NPO，以及學校等。透過這個活動大家了解到，環境的再生單靠某個團體單方面的努力是沒有用的，需要多方的共同合作。

愈來愈多人關注這個議題後，水泉的修繕與後續的追蹤作業也有了更好的發展。首先針對重信川沿線的水泉分布實況進行調查，再依據調查結果，完成了重信川的整體自然再生計劃。全力推動這項計劃的，是當時的松山河川國道事務所副所長前中先生。除此之外，還有愛媛大學、松山東雲大學、環境 NPO、學生，以及政府行政單位合組的「孕育重信川的自然環境之會」，全面負責執行重信川。

水泉是人們夏天的戲水樂園

龍澤泉修繕完成後，已漸漸恢復從前的樣貌，一到夏天便有許多人到這

在水泉村玩水的小朋友們。

修繕後的龍澤泉。

復原後的松原泉。

復原後的廣瀨霞堤。

重新培育的河口蘆葦田。

裡玩水。而重信川的部分，松原泉做為連結整個水網絡的第一站，已經初步完成復原的工作，未來的重點在於川與泉的網路建構。工作團隊將會運用來自水泉的水路，重新整建川與泉的網路結構，因為霞堤是連泉與川的重要通路，因此先選擇了廣瀨霞堤進行再生工程並在河口處進行培育蘆葦田的實驗，因為霞堤是連接泉與川的重要通路，因此先選擇了廣瀨霞堤進行再生工程，並在河口處進行培育蘆葦田的實驗，同時著手改善生活在河川淺水處的魚類的棲息環境。

學生團體是協助再生活動的生力軍

在農家的努力下，水泉底部的泥土得到疏濬、四周的枯枝雜草獲得清理，水泉的水量也逐漸穩定。除了自然景觀獲得保護外，各式各樣的生物也有了棲所。水泉是當地居民的重要財產，如此重要的資產，不應只靠農家的努力來維持。

在這樣的認知之下，「孕育重信川自然環境之會」誕生了，它秉持了以下幾個方針，展開了各項活動。這些方針包括「以重信川為主軸的水與綠之網絡的形成──透過水與綠的網絡形成擴大生物棲息空間」、「以重信川為交流平台，擴大人與自然的交流空間」。根據這兩個理念，愛媛大學、松山東雲女子大學、松山東雲短期大學的學生們組成團體，開始進行環境指導員活動。

做為連結屬於「大人」世代的行政單位、NPO、當地公民團體，以及屬於「小孩子」世代的中小學生之交流平台，這些大學生們擁有大人成熟的做事方法，又有小孩的衝勁，是環境再生活動不可或缺的重要推手。

復原後的廣瀨霞堤。

利用制水砌石，重現河川多樣性

控制水流量，見櫻花鉤吻鮭

　　馬路村的居民用制水砌石的方式，成功創造出新的水潭，讓櫻花鉤吻鮭再現於安田川。

分類 自然環境　　　　　　　　　　　　　　　再生對象 河流

不被農村沒落浪潮影響的馬路村

　　現今，日本的許多村落皆面臨人口外流而沒落的情形，在這樣的趨勢下，卻有一個村莊獨樹一幟。不僅沒有因為因此受到打擊，反而靠著販賣柚子加工品而名聲大噪，成為大家眼中的「元氣村」。馬路村位於高知縣東部，北邊與德島縣相連，江戶時代起就以出產優質杉木聞名，其中的魚梁瀨杉更是全國知名。馬路村農會所販賣的柚子加工品，以及森林工會所力推的魚梁瀨杉木工藝品，在日本十分受歡迎。

　　安田川縱向流貫馬路村，一到夏天，就有許多遊客來到這裡玩水或釣魚。柚子工廠坐落於馬路村的中心位置，名叫日浦地先。日浦地先前後大約不到 1 公里的河道，曾進行過截彎取直的工程，導致堆積在河床上的石礫平均粒徑變小，河床也變成了急湍和緩湍交互連續的單調樣貌。

　　因此，雖然安田川擁有豐富的自然環境，卻是魚群難以棲息的空間。為了改善這個問題，我們計劃於 2007 在急湍和緩湍交互連續的區間，利用制水砌石的技術，改變河流水勢或引導水流方向，創造出新的水潭，提供魚類棲息。

建造新水潭讓魚類有更好的棲息環境

　　馬路村的中心位於溪谷稍微開闊的平地上，流經村莊的安田川，曾進行過截彎取直的工程。完成後，河流在接近這段河道的中間位置，形成一個約 15° 左右的彎道。河道的左岸，堆積著高度約 1 公尺的土砂區，是舊河床的所在地。而目前所見的新河床，則有部分露出的岩盤，堆積著直徑從 30 公分到 1 公尺左右不等的圓石、巨礫，水流呈現急湍與緩湍交互連續的狀態，河床傾斜度約為 1/130。

　　我們決定以制水砌石的技術建造新的水潭後，便在河川上尋找找可能的地點，經過諸多考量，最後選中了位

被選定為復育水潭試驗的位置現場

因為截彎取直工程，導致巨石與水潭消失，喪失生物多樣性的河川

堆積在左岸邊的舊河床。

被截彎取直後流經村落的河流區間。

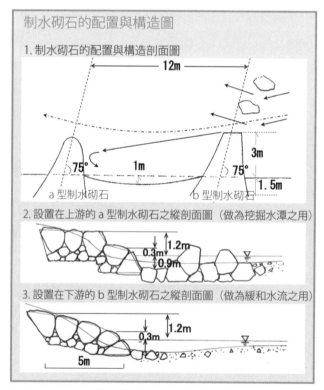

制水的配置與構造圖

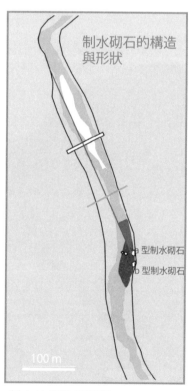

制水的構造與形狀

於安田川中點的彎曲部分（見左頁右上圖紅色倒三角形處）。

復育的三個步驟

1 選定最佳的水潭復育位置

檢視河流彎曲部分前後的水路，再觀察現場的植物生態或河床形狀，會發現從上游直行下來的水流會集中在左岸的某個位置，因此我們決定以這裡做為水潭最深部分。

2 利用制水砌石法，創造出新的水潭

為了在不破壞環境的狀態下造出水潭，我們建置了兩座底部被打入河岸深約處約 1.5 公尺的石頭。位於上游的制水砌石用來承受洪水沖擊，以減緩水流對於下游河岸的傷害，並讓後端的河床向下深掘。位於下游的制水砌石，則用來阻擋部份從上游往下游集中的河水，在兩座制水砌石之間形成一個河水滯留區，使水潭後半部的河床水深越來越淺。

3 依照功能改變制水砌石的結構與形狀

制水砌石的主要目的是控制洪水的流勢和土砂的移動，因此要以何種結構設計出適當的形狀，是整個計劃過程中的重點。

● 設置在水潭起點到水潭最深處的制水砌石，主要的作用是讓水流在容許範圍內向下侵蝕河床，因此在結構上會需要一個頂部急傾、有稜有角的外型，加強對河流的抗力。

● 設置在水潭最深處到潭尾的制水砌石，外形結構頂部緩和，目的在於加強對河流的抗力，避免河水侵蝕河床。

有好的水源才有好的農產品

馬路村農會的總幹事特別關愛河川，他認為河川是自然的象徵，而河中有豐富的魚群，才稱得上是豐富的自然環境。也正因為這樣的環境，地方名產的柚子才會有更高的附加價值。馬路村的人口不算多，大部分的遊客皆來自都市，總幹事提出水潭復育案，希望不管是居民還是訪客，都能更珍惜這樣的自然環境。

至於水潭的工程設計，則是我們經過現場勘查後，判斷如何應用洪水期的水流與水勢，並運用前述要領設計了兩座制水砌石。工程的許可由高知縣安工芸土木事務所和農會經協議而成，施工機械與材料則由當地的建設公司以及農會提供。工程於 2007 年 12 月 24 日、25 日兩天進行，完成後成果良好，超乎預期。

施工區的環境卻有了極大的變化

施工完成後的兩年，我們對施工區

及其上下游的河床和水岸變化做了追蹤調查。施工區以外的河床和水岸，景況幾乎沒有變，急湍和緩湍交互連續，水深大約在 30 至 40 公分。但是，施工區的狀況卻出現了極大的變化。

兩座制水砌石之間，出現了河床被侵蝕後的深水區，是越接近岸邊則水流越緩且水深越淺。位於上游區的制水砌石後端所形成的水深為 90 公分，位於下遊前端的水深則為 60 公分，整個深水區的呈現倒鉤狀。

由此再往下游 10 公尺處，水深變成 20 公分左右，越來越淺並延伸到潭尾。而兩座制水砌石之間也因為有反轉流，導致水岸連接處有砂泥與砂礫堆積，不但確保了河岸的安全，也形成具有多樣性的生態環境。

展望與課題

為了瞭解工程對魚類造成的影響，我們分別在施工的前後三年，進行了調查。施工後半年的的調查顯示，施工區的魚類棲息密度為全區最高，特別是櫻花鉤吻鮭，我們推測這和水溫有關係。施工時打入舊河床底部的制水砌石，導致地底伏流湧出，降低了水底的溫度。經過水溫測量的確認，施工區外的水溫為 27.3℃，而制水砌石區底部的水溫則是 21.7℃。夏天時常連續幾天氣溫都超過 30℃，淺灘的水溫上升，對於在低溫的環境下才能生存的櫻花鉤吻鮭來說，兩座制水砌石之間形成的冷水區，是良好的棲息地。

在馬路村，村民們平時就會將因為道路或河川施工所剩下的石材儲備起來，以便需要時能夠再次利用。多虧了這次水潭復育的工程，才能讓櫻花鉤吻鮭這類珍貴有更好的棲息地。也證明生態的維護，並不一定需要巨大的花費，而是需要每個人的同心協力。

(左) 對河岸形成侵蝕作用的上游的水制被打入左岸 (舊河床)。(右) 為加速洪水的流速而建構的治水砌石。

制水砌石 a

制水砌石 b

二座水制的石頭組合完工後照片。

因為河川水溫上升而聚集到水制底部冷水區的櫻花鉤吻鮭。

尋常風景的再發現
農家的施作舖成出風景田園

 自然環境　 里山

不被視為風景的田園地景

（1）意外的收穫，
**　　　當然也是一種生產**

　「投入農業的目的並不是為了塑造風景」、「所謂的田園景色只是農家百姓工作的結果、偶爾出現的現象。」這樣的想法可說是工業理論毒害的後遺症。百姓們操持農務就是在大自然裡造景，這也是一種農業生產，我們都需要鼓起勇氣斬釘截鐵地說：「地景是了不起的農產品」。

　「冬天播種了以後，到了初夏，麥秋風景就可以收成了」。百姓耕耘播種，一開始的確不是以出現「麥秋（譯註：麥秋不是秋天，而是初夏時節。秋天播種的冬麥，到了翌年農曆四、五月初夏時候轉為成熟，田間淨是累累麥浪隨風搖曳）」之類的景致為目的；不過現在，附和「種麥子也是為了麥秋」這個想法也出現了。

（2）風景一直都在，只是農業因素
**　　　被忽略了**

　日本常見的生物，幾乎都是「農業生物」。在日本，光是紅蜻蜓一年的孵化數量估計就高達 200 億隻，其中 99% 的蜻蜓都是在田裡誕生的；所以

(左) 麥秋景色。(右) 滿天飛舞的蜻蜓 (薄翅蜻蜓，又稱為黃衣)。

成群蜻蜓漫天飛舞的景色，可說是無數尋常農家農事一起促成的。

薄翅蜻蜓的羽化。

老一輩的人說：「蜻蜓乘著先祖的靈魂而來。」人們看到蜻蜓飛舞總是習以為常，即使如此，看著蜻蜓款款而飛心裡頭應該有感動，或許有淡淡的憂傷，也或許覺得無比優雅。一旦對這樣的風景無感，而且沒有人願意去思考蜻蜓為什麼會來？那麼日本特有的蜻蜓文化只好走上滅絕之途了。

梯田夕陽 (照片提供／安井一臣)。

（3）只會講天氣預報，不談風景

同樣要思考的，日本跟天氣、季節有關的諺語多到不可勝數，但是跟風景有關的諺語卻寥寥可數。原因何在呢？

這是因為人們對工作的著墨比對風景多，並不是對風景視而不見。

農家在生活中，看夕陽的習慣並不是只有表面的觀賞；當抬頭看見天邊的夕陽時，會一邊檢視今天的工作，一邊想著該為明天的晴天「磨利鐮刀」。結束了一天工作後佇足原野，此時滿天的彩霞映入眼簾，想的也已經不只是夕陽美不美，而是心中還有著工作完成後滿滿的充實感，所以不會向別人提起夕陽有多美，而是提明天的天氣和工作。

福岡縣星野村的梯田。

農業地景開始被視為風景
（1）充滿新奇的旅人觀點

對旅行者來講，生活範圍以外的空間都是素不相識的新世界，那些不是平日看慣了的世界，一景一物都是風景；在他們的記憶裡，每一幕都被定位為風景。

筆者的家鄉。

百大梯田便是從旅行者觀點來讚揚。對住在梯田所在地的人來說，卻是「再普通不過的景色」，但他們不會因為認為景色平凡就減損對自家田園的愛。農家們只覺得來自外界的詠

大分縣的白水壩堤。

嘆十分新鮮，並不討厭別人讚美自家的田地。有些人頭一遭聽到有人用非工作、非農家的觀點跟他們說梯田的美，才知道名勝美景原來就在自家中。

（2）重新發現家鄉之美

此外，從外地回到故里的人總是沉浸在思念滿溢的情緒裡，是以看來看去，故鄉都是這麼美。明明不是什麼名氣響叮噹的地方，可是因為有了過

右側田埂明顯使用除草劑。

修建完成的田埂。

整理完成的田埂。

往的回憶，就出現了故鄉特別美，讓遊子心馳神往的現象。

然而，對一直住在家鄉的人可能只見竹林雜生荒廢，可是看在歸鄉遊子的眼裡卻不以為意。人們很容易抱怨自己住的地方「沒有想像中那麼好」，其實，人們應該多從情感連結關心自己的家鄉。

（3）失去才發覺它的價值

可悲的是，常常這些尋常風景被破壞、失去之後，人們才驚覺到它的價值所在。原來常見的景致不見了，就好像自己身上某樣東西丟失了一般，充滿了失落感。在破壞伊始之初，趁破壞尚未殆盡的時候，難道都沒有對策可以阻止破壞持續進行嗎？在歐洲，有「環境津貼給付」的方式，來維護及保存農業景觀。反觀日本，全

國各地都有農民在田埂噴灑除草劑的現象，但是有關部門卻毫無對策，或許認為田地只是人為的產物吧，或許認為農田景觀只是農業意外的副產品，不算是風景吧？這並非事不關己的事，會發生在每個人的家鄉。所以說，正視「農村地景」為風景，好好加以維護與推廣的另類思考，已經到了刻不容緩的時候了。

農家工作的成果就是一幅風景
（1）永遠先把目光放在農作物

築田埂是件不討好又費工的工作，一直沒有什麼可以「近代化」的進步做法，似乎也始終連結不到前瞻的環境政策和立法層面。但築田埂的目的不單只是為了蓄水防漏，也不光只是為了幫助田裡及田埂的生物溝通往來而已，一條條的田埂築起的是美麗的田園風光，田埂若能發揮公益功能，

微風輕輕拂過淺淺的水面，稻浪泛起粼粼波光。

價值就不可同日而語了。採用人工除草的田埂，不但能夠豐富田裡的生態，保有多樣性的生物系統，同時也能構築出美麗的風景。

（2）目光從作物收成轉移到風景

無論周遭出現什麼，農家百姓的目光一定是最先投注在農作物家畜，他們永遠全神關注著作物生長狀況，因為那是他們精心培育的心血。在確認農作物家畜需要他做什麼工作後，才把目光移向田地或畜舍等空間。然後，自然而然的看向更寬闊的天地。

這是當農事結束之後，農村裡的氛圍會隨之丕變，田疇、水邊的景況不同於工作時，讓遠方的山景與天上的雲朵倒映在水稻田中。微風輕輕拂過淺淺的水面，稻浪泛起粼粼波光，美不勝收，讓坐在田埂上小歇的農夫大飽眼福，感受祥和溫馨的片刻。

即便美麗的阡陌風光帶來暢懷與感動，但還是抵不上他們對稻子的關注，就是這時刻，農民心裡琢磨的還是要進行什麼下一個階段的工作，是不是該除草了等等。現代人很難了解，這些感動人心的田園風光，其實就是農家這樣一心專注、春耕夏耘種出來的。

秧苗茁壯長成了一大片綠油油的稻田，人們對青深的稻株而怦然心動。風吹過稻田掀起了一波波的稻浪，燕子來回穿梭，彷彿被風追趕似的，相信有不少人會覺得這樣的世界無比可愛。

田埂上百花齊放。

遠方的山景倒映在水稻田中。

稻草堆上的蜘蛛網。

收割後的田間，充滿著感恩與安心的意念。農家們推算著撒布堆肥、翻耕入土以及耕耘播種的日期。田裡堆放著紮成束的稻草，蜘蛛在上頭結了網，蜘蛛網在夕陽餘暉的照射下閃耀著光芒，景致之美教人忘我。正因為有農家，才能看見這樣的世界，體會到生存的實感。可是，農家百姓從不居功，正因為從來沒提起過，我們更要說清楚。

（3）不是作物的風景又該如何看待？

也因為如此，農田裡農家精耕細作的作物，很容易農家獲得關注。不過，田裡還是有些植生，雖不是作物，卻無損景致的美麗，只是農家們自認為難以登大雅之堂。如果這些原生草、花與生物也能找到對農家的意義，我們就可以理直氣壯的介紹它們，不是嗎？

農家會特意種下波斯菊、照顧花田，讓波斯菊花海開得絢爛無比，農家視為付出心血的農作。反觀彼岸花（石蒜）雖然也是早期農家會栽種的開花植物，但當年種下彼岸花並不是為了賞花賞景，因此彼岸花不被稱為農作。

只是，農家會順應彼岸花開花、抽新葉的週期開始除草、整理田埂，彼岸花也每年應時的美麗綻放。要說田埂除草就是讓彼岸花開花，似乎也說得通。這些田埂上的野花跟農家收成似乎沒什麼相關性，然而花每年都爭相怒放，正是農家每年進行4至6次的田埂除草的成果驗收。

這樣說農家應該都會對彼岸花盛開的田埂的美放在心上吧。自己有了感動，才可能有風景啊！

波斯菊花海。

彼岸花田埂。

水雉與官田菱農的親密關係

人工溼地與友善耕作，復育珍貴台灣水雉

從國道三號官田系統下交流道，循台 84 線路標約十分鐘後接上台 1 線，沿途多是販售菱角的老農，左轉至南 65 鄉道小路，道路兩旁全是菱角田，幾分鐘後來到了水雉復育的搖籃──水雉生態教育園區。

分類 　　　　　再生對象

台灣水雉早年在西部平原濕地廣泛可見，但隨著開發造成棲地消失，以及使用農藥造成環境破壞等因素，使得族群大量消失，僅有少數在嘉南平原被發現，被列為第二級珍貴稀有保育動物。

高鐵穿越棲地，促成各方整合投入復育行動

9 月底，水雉繁殖的季節剛結束，官田的水雉生態教育園區正忙碌地迎接採菱季的到來；沒事先掌握訊息可是擠不進名額的，工作人員只得一一婉拒欲報名的遊客。園區的成立追溯至 1990 年代，因為高鐵工程穿越官田的葫蘆埤和德化埤地區是台灣水雉僅存的重要棲地，後來環評雖然有條件通過，其中一項但書就是必須另提保育計畫；於是，促使 2000 年由高鐵公司、台南市政府（時為台南縣

水雉生態教育園區內有大小不一水池，是水雉的快樂天堂。(攝影／王雅湘)

政府）及林務局等單位聯手，租用高鐵路線東側的台糖約 15 公頃土地，作為「水雉復育區」，而中華鳥會、台南鳥會和台灣濕地保護聯盟等民間團體也一起投入，將園區打造為水雉棲地、繁殖的人工溼地，也成為台灣「易地復育」之首例。

繞著園區的小徑，水雉生態教育園區主任李文珍介紹水雉成長的過程。(攝影／王雅湘)

(左) 參與農村小旅行的年長者初次體驗彩繪菱角。(右) 社區裡的長輩們為參加農村小旅行的遊客準備菱角。(照片提供／官田水雉生態教育園區)

當時，台灣水雉族群剩不到 50 隻，園區也僅有 5 隻成鳥，各界對水雉的棲地復育都沒有經驗，園區主任李文珍笑說，這十多年來都是且戰且走，每個階段遇到的問題不同。剛開始遭遇到的是埤塘開挖、溼地營造，以及園區植栽、引水與排水等問題，溼地的興建及維護成本相當高，是面臨的第一個課題；到 2009 年至 2010 年間，發生百餘隻水雉集體中毒死亡……，即便如今園區棲地每年孵育出 200 隻以上的水雉幼雛，台南地區每年更有 1000 隻以上的水雉幼雛，種種問題仍考驗著復育工作。

鼓勵在地菱農轉型友善工作

水雉喜歡在菱角田等浮葉性水生植物溼地上覓食小螺、水生昆蟲、植物嫩芽等，並築巢繁殖，在台灣有一半以上的族群集中在官田地區，但是因為農田耕作模式的改變，讓水雉的生存面臨重大的危機。

官田地區的農田耕作模式多採取稻米和菱角週期輪作，農民在成本考量下，從既往的「插秧法」改為「直播法」，然而為避免直接播灑的穀種被鳥吃了，於是利用各種方式加以防護，其中，「施放毒餌」對環境破壞最為劇烈，嚴重威脅到溼地鳥類的生存。

在園區成立之前，地方政府就有「菱農保護水雉巢蛋計畫」，並透過「菱農獎勵辦法」，只要田裡的水雉寶寶順利孵化，菱農就能領到獎金。

到農夫家旅行的活動，青農教導參與的遊客體驗插秧。(照片提供／水雉生態教育園區)

而為了鼓勵農民不使用農藥化肥，2010 年林務局與慈心基金會合作，推動官田水雉暨保育類野生動物農田棲地之綠色保育經營管理計畫，由慈心與官田農友簽訂「官田區水雉棲息合作協議」，輔導農民以不使用農藥化肥、對環境友善的農法耕作。而這項計劃也成為林務局推動綠色保育標章的起點，除維護健康完整的生態系統，也希望消費者藉由標章，支持投入友善生產、參加綠色保育計劃的小農。

友善耕作的理想很好，但在人口凋零、流失的傳統農村卻是相當大的考驗，再加上有機米市場競爭激烈。為了讓農民保護生態同時也能有較好的收益，於是在 2015 年，友善大地社會企業與水雉生態教育園區合作，提出「陪伴官田」計畫，承諾提撥固定比例收益來回饋農友。

以 15 公頃的園區能提供的水雉棲息空間仍舊有限，這幾年來的觀察，水雉族群大約維持穩定的 200 隻左右，園區期望水雉的復育並不僅限於目前成果，去年起，直接與農民接觸，合作舉辦「到農夫家旅行」種菱角營隊和「農村小旅行」等食農環境教育，也和已建立自我品牌的青農合作，幫忙行銷。透過觀光小旅行讓生產者與消費者於農田中對話，讓園區也成為農民與消費者接觸的平台。李文珍說，走向友善耕作的路寂寞且長遠，園區盡可能陪伴農民，「社會—生態—生產地景」充分連結，才可能一起達到期待中的里山願景。

（受訪者：台南鳥會 李文珍）

(左) 水雉打架、對峙的畫面。(右) 孵化時鳥爸爸將蛋殼咬起往外丟棄。(照片提供／官田水雉生態教育園區)

走過滄海桑田，鹹水裡長出的花朵
成龍溼地從環境教育走向生態養殖的里海傳奇

西濱快速道路串連台灣西部海岸好幾個鄉鎮聚落，一路穿越雲林口湖的成龍村，這裡是台灣西南沿海昔日地層下陷最嚴重的地區之一。

分類　🌱 自然環境

再生對象　🌊 海洋

颱風使良田變成廢棄田野

放眼望去，成龍溼地一大片空曠的水域裡，佇立著好幾款造型獨特的裝置藝術，日日夜夜與環境對話，而一旁則是成龍濕地的新亮點——「高腳屋」別墅，這棟 3 層樓高的建築，外牆也以充滿在地元素蚵殼打造，特別具有散熱節能的效果，這可是把蚵殼當作建材的大膽實驗呢！

這一連串發生在成龍濕地的驚奇，也是成龍村一再蛻變的歷程。1986 年之前，成龍是一個綠意盎然的村落，村民除了養殖就是務農，那一年韋恩、艾貝颱風相繼來襲，為地勢低窪的村落帶來大水，全村幾乎泡在水裡一整個月，水位逐漸下降之後，原本聚落外圍的七十公頃的良田變成水漥地再也無法耕種，廢棄的田野，成為居民心中的痛，長達 20 年，無法利用的危險水域更令居民避之唯恐不及。

令人驚豔的國際環境藝術節

但當地野鳥協會人士卻觀察到這

(左) 社區發展協會的運作趨於成熟，原本沈寂的聚落也熱絡起來。(右) 協會、成龍國小師生、來自各地志工們相當投入地景藝術的營造。(圖片提供／觀樹基金會)

塊濕地的生態演化，也紀錄到黑面琵鷺、綠頭鴨、彩鷸、水雉、短耳鴞等水鳥的足跡，時間讓看似荒蕪的濕地變成候鳥和魚類的天堂，因此從2005年起，由農業委員會林務局以「生態休耕」的名義，以租用土地的方式補助因田地淹沒受損居民，預計以10年時間，在生態持續演替下，打造「口湖溼地生態園區」，為地方帶來新的發展視野。

「儘管成龍濕地已經成為賞鳥人士眼中的天堂，但無用之地的想法，仍然深深烙印在村民心中，所以觀樹基金會接受林務局委託駐村後，就把環境教育當作第一塊敲門磚。」並在成龍國小成立環境教育據點，以「成龍濕地三代班」的概念，成立「成龍濕地偵探社」，也帶領孩子探索、認識這塊土地，藉由各種活動和家長、村民建立更深刻的互動，進行長期的社區陪伴與環境教育。

然而成龍濕地帶給村民更大驚喜的，是從2010年起舉辦的國際環境藝術節，原本單調的水域上，有來自世界各地以及台灣本土的藝術家們，帶領孩子及假期志工，利用當地的材料創作出融合成龍溼地環境意象的大型戶外裝置藝術創作。每位藝術家接到邀請後，大約在開展前一個月抵達，借宿在成龍村中，透過自己生活在成龍村的感受以及跟居民的互動，來創作出獨一無二的作品，使用的材料也是以竹子、蘆葦等天然材料，減少對環境的破壞。

不抽地下水的生態養殖

溼地底部深淺不一，這些藝術作品浸泡在水裡，得面臨潮起潮落和風吹日曬雨淋的考驗，年復一年的主題作品，都為成龍濕地帶來新的景觀意象，剛開始人們覺得這些戶外裝置藝術任憑風吹雨打，壞了來年又做是徒然的浪費，但隨著環境教育的紮根和

(左)「成龍溼地三代班」讓當地居民重新認識溼地，學習與溼地一同生活(圖片提供／觀樹基金會)。(右)蚵殼打造的隔熱牆，隔熱效果非常好，兼具海口特色與環保理念(攝影／張筧)。

環境藝術的新視角，也喚起村民關心氣候變遷、海平面上升等議題。

七、八年來，成龍濕地不僅以豐富的鳥類及水生植物，成為雲林縣的重要生態瑰寶，而當年人口流失、暮氣沉沉的村子，也因為得到關注，村民也開始投入志工培訓，擔任起成龍濕地的導覽解說員，把這片荒廢的田園視為極需保護的「資產」，社區發展協會也跟著活絡起來。

「除了環境，一切還是要回歸生產。」觀樹基金會王昭湄主任說。成龍溼地想要走得久遠，還是需要加入社會面，與居民的生活更緊密連結，昔日許多泡水的良田鹽化後，重新開闢為半淡水養殖的魚塭。

為了減緩地層下陷的速度，基金會自 2014 年起，在當地承租了魚塭地進行「不抽地下水」的養殖實驗，引入海水，透過種植龍鬚菜將水質淨化，在高鹽度的養殖下，混養的蝦子、蛤和魚，成長速度稍慢，但產量和品質卻獲得大大的肯定；也發現過去認為海水無法養殖，原因竟是來自上游農作化肥過量或工業污染造成氨氮過高導致。基金會邀請村民幫忙收成，同時進行生態教育，讓村民了解到環境污染透過食物鏈連結影響人們的生活和經濟，瞭解、認同生態養殖觀念。養殖試驗的成功順利說服郭子阿公等在地居民開始投入不抽地下水的友善養殖。

基金會專案主任王昭湄認為目前只能算小有成果，成龍溼地的里海願景，還希望更多生產者加入不抽地下水養殖行列，而這同時，還需要找到能夠在人力與營運成本能夠持續的養殖模式，並且建立銷售平台，最終能交由社區自主，永續經營。

（受訪者：觀樹教育基金會　王昭湄主任）

(左) 颱風造成的海水倒灌，讓成龍村的積水不退。被淹沒的農田、魚塭無法從事生產，漸漸成為濕地。(右) 環境藝術創作取用自然可取得、可生物分解的材料，呼籲大家共同關注成龍村及溼地環境的特殊性及和環境議題。(攝影／張筧)

（左）成龍國際環境藝術節邁入第八年，其中波蘭藝術家的「隨行」，像一隻正在前進的生物，也像一個旅途中的避風港，邀請大家在這個奇妙的空間中思考改變，讓環境更好。（右）利用泡在水中房舍的在地環境，疊架貨櫃成為具備通風、日照功能的當鳥屋，展現出不同的水景。（攝影／張筧）

成龍村民在德國藝術家 Roger 的作品「水核心」前，再營造出名之為「再生」的作品，象徵果核裡的種子，在溼地中發芽生根，半藏在土裡的種子會圈成一顆心，表達對土地的愛和對家園的認同。（攝影／張筧）

石梯坪海風中，再次傳來的陣陣稻香

凝聚在地力量，重建海梯田農耕生態

電影《太陽的孩子》中我們看見罕見的海梯田正在太平洋岸重新種了回來。然而復耕之後，為了要經營不易的這片田維持下去，石梯坪部落仍然持續在奮鬥著。

分類 🌱 自然環境

再生對象

花東海岸原有許多海梯田，因部落人口流失而棄耕，或因觀光發展興建民宿而逐漸消失。石梯坪部落居民為了尋回記憶中稻浪連接著海浪起伏的景色投入復育，然而辛苦完成後，發現後面有更多的考驗等待著…

復耕後，持續耕作是另一道關卡

一望無際的湛藍海洋，一片片的金黃稻田，這似乎是兩個獨立而美的風景。但在石梯坪這個地方，海洋與稻田卻完美融合。人們在吹拂而來的海風中，可以聞到陣陣稻香。

在部落居民舒米如妮等人多年努力下，海梯田已經生機盎然地迎來一年又一年的收穫，雖然愈來愈多的地主和農友願意加入復耕後的行列耕作，稻米的產量也逐漸穩定。但要永續海梯田的環境營造及友善耕作，首要面對的便是降低梯田耕作的困難度及建立穩定的海稻米產銷鏈結，才可能讓這得來不易的成果持續下去。

2016 年起，「台灣好食協會」透過行政院農業委員會林務局推動里山倡議計劃，加入了海梯田的復耕計劃，不僅委派駐點人員前進部落，也努力引進農耕技術、協力友善耕作，共同營造多樣化生物棲地的健康田間環境。台灣好食協會吳美貌說：「比起其他友善耕作選項，稻米算是較容易種植管理的作物；石梯坪雖地處偏遠，但在技術層面上，很幸運有來自花蓮林區管理處與花蓮農業改良場的大力協助，讓復耕工作更容易使力。因此，我們可以有更多的心力，投入在復育工作的相關人與事的『溝通』。」

融入社區，細密串起部落居民的想法

水路經過的土地、開墾的稻田，要使用石梯坪水梯田的土地，都要取得地主的同意，過程中要協調的對象有三十幾位地主、耕種農民、周邊農戶及村民等，對駐點人員是一大挑戰。

「駐點人員要積極參與部落生活，而不是當個過路人。」吳美貌說，他們派去的駐點人員一定要有良好的溝通能力，與部落裡的耆老、居民、ina（阿美族語，為部落媽媽和阿姨的意思）們當好朋友，且必須對生態環境保育有相當的熱情和投入意願，而非只是當成一項工作。因為每一塊土地，每一項工作，都關係著不同人的權益與考量，唯有如此，才能與部落建立起彼此的信任及默契，讓更多人願意一起走進海稻田復育的道路。

小細節凝聚居民情感，激發耕作動力

復耕行動畢竟是以部落居民為主體，居民參與程度和內聚力是復耕成效的重要變數，居民之間的好感情更會是復耕計劃的一大助力。為了增加部落參與，去年起，在田區首度整理出邀請部落認領的無毒菜園。不為了銷售種植，而是讓這片海梯田成為更多居民的生活場域，以凝聚更多的關心。

花蓮縣的石梯坪，擁有全球罕見的林海水梯田。(照片提供／台灣好食協會)

此外，每塊梯田產出的海稻米品質也會自我競賽，彼此較量。吳美貌笑著說，今年第一期稻米由一位每天都進田裡巡看、非常勤奮的 faki 奪冠。這樣的結果激勵其他農友開始思考，自己還可以多做什麼來改善海稻米的品質，也算是意外的收穫。

尋找符合自然又能養活農民的耕作方式

為了維護易受風雨攻擊的水圳邊坡，過去總是打上厚實的水泥，卻造成更多的水土保持問題。為了維護自然，石梯坪設法減少水泥的使用，並輔以植被的增加以提供足夠的邊坡支持力；「百分之百的無人為環境是很困難的。」吳美貌說，但可以藉由逐步減少人為的干擾，穩健地達到生態農田的目標。

由於石梯坪秋冬的東北季風強勁，以往只有上半年度會耕種。在農民種植技術越加熟練後，2016 年開始，海梯田的秋冬開始能見到二期稻作；一開始擔心強勁的海風會摧毀收成，但沒想到二期稻作挺爭氣的，沒有倒伏、也都粒粒飽滿；讓海梯田一年四季都有了稻浪與稻香。除此之外，海梯田原先主要種植台梗四號香米，去年加入了新的米種：黑米、圓糯米，還有台梗二號及台梗九號。往後海梯田的農民與好食協會也會繼續嘗試其他米種，以找到在這樣獨特的環境中，最能展現色香味的優質海稻米。

撒部‧噶照的作品「輕輕落下的種子」，就位於靠海的海梯田上。(照片提供／台灣好食協會)

努力為部落自主營運做準備

　　灌溉水梯田的水圳及源頭蓄水池，由於常遭土石崩落淤積或阻塞，石梯坪自以前就有選舉水圳管理員，只要有人種植，每幾個月農民們便必須共同去清除淤泥，自主維護灌溉用水的「米粑流」行為。為了讓農民們有更多的人力協助，台灣好食建立了志工中心，招募各地志工的加入；藉由志工導入生態復育行列，建構部落未來可以自行帶領這些充滿潛力農務夥伴的機會。當有一天外部人員退場時，海梯田的人力將不再是個無解的難題。

　　社區營造的難關除了人力還有經費問題無以為繼，台灣好食也與農友們共同嘗試了建立農民基金，並與農友們共同研議，提撥部分海稻米的淨收入籌組共同基金，待有一天計劃退場，農場內產生的共同開銷，如機器維修、水管修復、零件更換、運輸費用等，便可以從中支付，以減輕海稻米生產期間農民的財務缺口，讓居民投入農務工作是可期待意願。期盼幾年後，便能全面復耕海梯田，讓更多人嚐到聽海風長大的稻米美味。

（受訪者：台灣好食協會　吳美貌）

(左) 農民們拔除雜草時的景象。(右) 黃飽滿的稻穗。(照片提供／台灣好食協會)

手耕日曬的真實溫度

不假機器，農人雙手耕作的貢寮水梯田

　　貢寮水梯田過去幾十年棄耕與用藥讓在地農耕生產與濕地生態面臨消失的危機，水梯田復育計畫試圖找回老智慧，發展成為生態農村，也為台灣部分瀕臨滅絕的水生生物，留有一塊生存空間。

分類 自然環境

再生對象

農民們從不曾放棄自己的土地

　　早年台北地區在淺山山谷，沿著坪林石碇一路到東北角，有大面積的水梯田分布，但是隨著大台北人口成長、都市開發，再加上老農凋零、經濟效益較低，從六〇年代開始消失。

　　在東北角的貢寮，雖然仍保有水梯田，仍因棄耕面臨水梯田消失的壓力。從前一條水路由好幾戶農家共用，逐漸變成每一條水路經過的土地，幾乎都只剩一戶在耕作。雖然不至於廢耕，但過去的盛況已不復見，

而且僅存仍持續耕作的水梯田，不免也噴灑農藥清除雜草。貢寮失去的不只有水梯田，同時消失的，還有依著水田而生，豐富的生態和土地的生命力。

　　2011 年林務局、人禾環境倫理發展基金會與當地農民合作展開水梯田復育計劃，這項計劃的目標是能在水梯田現有的基礎上，創造出一個生產與環境的雙贏局面其實田地裡的雜草只要經過適當的處理，就能夠成為最天然的肥料。人禾從減少農民用藥開

(左) 農民灑種的情形。(右) 依施肥狀況分級的和禾米。(照片提供／狸和禾小穀倉)。

始，希望不僅省去購買肥料的成本，也還給自然一個最好的環境。

獨一無二的耕作方式

與在地農夫持續溝通、協力下，形成了一個以傳統自然為原則的和禾生產班，並且遵守著田區完全不使用農藥；維持傳統耕作方式，梯田全年持續湛水管理；管理並避免外來入侵物種；在最低限度下使用機械；以不減損原有生物多樣性、及水源涵養功能的最高原則。

尤其農民們出產日曬米，不僅對環境友善，更有益消費者的健康。因為太陽光的照射，會分解肥料之中令部分人敏感的硝酸鹽，減少消費者食用後身體不適的機會。

稻米分級，鼓勵不施肥耕作

6 年下來貢寮水梯田的友善生產步上軌道，人禾逐漸從梯田復育與環境經營運作機制的推手角色淡出，以在地人成立的社會企業「狸和禾小穀倉」協助建立在地農產品牌、人禾則以「爬旅行」與和禾生產班合作辦理農村生活的體驗活動，多角化發展農村產業，讓外地夥伴有機會瞭解並透過不同方式支持農民對生態的貢獻，也加乘在地夥伴生活、生產與生態持續落實的可能。

貢寮水梯田全景 (照片提供／狸和禾小穀倉)。

其中「和禾」稻米分為三類，分別是施作化學肥料的田螺米、使用有機肥料的穀精米，還有完全不用肥的阿獴米。三種米的販售與收購價格各不相同，其中以阿獴米最高，目的是鼓勵農民不施肥耕作。剛開始大部分的人都不敢嘗試，但經過比較，發現不施肥的稻米產量並不會比較差。在狸和禾的努力下，有越來越多的人願意放下心中的顧慮，投入對環境更加友善的不施肥耕作。

除了稻米，狸和禾小穀倉還出產和禾米香、和禾餅、和禾分享蜜。復育計劃之初，團隊還抓不準稻米的產量，不確定出產的稻米是否足夠上市販賣，於是先和在地餅店合作，將稻米製成米香，不僅確認了稻米的銷售，更將農民的努力直接回饋給貢寮居民。至於和禾餅，則是上頭撒了白花紫蘇製成的香草餅乾。白花紫蘇是長在水梯田間的雜草，煮過之後香氣會消失，但鋪在餅乾的表面上卻香氣宜人。

生活與生存並行的人生哲學

不同於一般由西方養殖蜂所採集的果蜜，和禾分享蜜由馴化過後的野蜂採集，野蜂飛進森林裡採集花蜜，製成的蜂蜜依據各個季節花開的種類不同而各有風味。由於貢寮的氣候只適合種植一期稻作，居民們在農閒時會投入其他產業，例如上述的養殖蜜蜂，還有早期的竹編手工業。

「這對他們來說就是生活，有時

貢寮的養蜂達人。(照片提供／狸和禾小穀倉)

候都不知道種稻是他們主業還是副業了。」爬旅行的鄭雅筠笑著說。不同於大多人習慣有一份為了生存的主要工作，這裡的生活與生存是並行的，農民們充分利用自己的時間，也妥善的運用自然資源，讓這友善的耕作模式可以循環下去。

隨著貢寮水梯田被更多人知道，前往水梯田觀光的遊客也愈來愈多。欣賞美景的同時，請記得千萬不要隨意採入田埂，這並不是因為農家小家子氣，而是因為水梯田的生態現在維持著穩定的平衡，若你不經意將福壽螺的卵或外來雜草的種子帶入田間，便很有可能造成生態的崩解。因為農田耕地面積增加、用藥減少，整個貢寮山區的水源變得更加純淨，農業多樣性的指標物種食蟹獴也穩定出沒，代表水梯田周圍有健康的森林與溪流。

向故鄉一樣擁抱所有人的貢寮水梯田

近幾年有愈來愈多人願意投入農業耕種，甚至有外來農夫也在這裡扎根，這是一種正向循環。當地農民看到有外地人來到自己的故鄉生活，也會更加認同自己正在做的事。人禾、狸和禾與貢寮的居民們一起走了好長一段路，途中也不時停下來，彼此討論與磨合對未來的願景。

枋腳溪、石壁坑溪、遠望坑溪這三條溪環繞著的貢寮水梯田，原本是三個擁有各自生活散村聚落，經過許多人努力整合，已成為彼此緊緊相扣的齒輪，繼續為了這片土地運轉。

（受訪者：狸和禾小穀倉　林紋翠、人禾爬旅行專案經理　鄭雅筠）

(左) 農民曬穀的情形。(右) 食蟹獴的穩定出現，代表水梯田周圍有健康的森林與溪流。(照片提供／狸和禾小穀倉)

自然環境復原協會及環境再生醫

1　關於認定 NPO 法人自然環境復原協會

1980 年代，以一級原生自然環境保護區為對象的自然保護運動，如火如荼地在日本全國各地展開。部分有識之士深感於人類因自身生活環境的關係，正不斷地對周遭的自然進行二次破壞。這些受損、流失的自然狀況極待復原，於是集合了有志於此的學者、專家、研究者等共 10 人，發起成立「自然環境復原研究會」，此即認定 NPO 法人自然環境復原協會的前身。

現在，該協會以「自然環境的復原及人性的回復」為使命，以「都會區和農山漁村的自然復育及環境學習」為主要範疇，於全國各地展開各種環境活動。

2　關於環境再生醫制度

凡是具有環境相關之實務經驗 2 年以上者，都可以參加自然環境復原協會舉辦的環境再生醫課程。該課程一年舉辦一次，學員參加講習並經考試測驗合格後，即能取得環境再生醫的資格。想要使加速消失中的都會區自然生態以及荒蕪的農山漁村自然環境得到休養復原，必須結合政府的行政部門以及產業界、教育界、當地居民的力量，才能建構出永續的地區社會。環境再生醫具備了各種和自然環境有關的專門知識，同時熟稔某個地區的風土民情和歷史文化，他們站在市民的立場參與復育計劃，扮演著計劃調整者及推動者的角色。由於他們負有診斷、治療以及照護（維護管理）地區環境的責任，猶如「我家周遭環境的醫生」，故稱之為環境再生醫。

（1）環境再生醫的分級及各級別的任務

根據個人的經驗、技能與任務，環境再生醫又可以分成下列三級。

級別	擔負的任務
初級	精益求精，自我提升。以正確的理念及一定的知識導入活動並推動實務，為指導者的助手。
中級	第一線的指導者，某些領域的專家、專案計劃及啟發教育等活動的推動者，負責培養初級環境再生醫。
上級	專案計劃的整體推動者、啟發教育的主要指導者，負責培養中級以下的環境再生醫繼任者。

（2）環境再生醫的分類及其範圍

中級及上級環境再生醫應自以下三大類別中擇一。

類　別	對象範圍
自然環境	生物、森林、里山、里地、河川、湖泊、海濱、公園、都市、住宅等單一領域及複數個複合式、綜合式領域
資源循環	節能、省資源、新能源、生質能、環境管理等單一領域及複數個複合式、綜合式領域
環境教育	學校生態區、體驗學習、終身學習、社會教育、市民活動、社會啟發等單一領域及複數個複合式、綜合式領域

3　關於認定校制度

這是環境再生醫制度中，初級資格委由學校認證的制度。包含國立、公立學校在內，目前已有 34 所學校登錄為認定校，透過學校資源，積極培育環境人才。

參考文獻

1. 構築魚梯，打通河川生命之路
   NPO 法人北海道魚梯研究會魚梯指南編輯委員會 編、安田陽一 著： 魚梯
   實用指〈魚梯構造及周邊流域告訴我們的事〉、NPO 法人北海道魚梯研究
   會，2010

2. 模仿自然演替，重現原始林豐富生態
   (1) 石狩川開發建設部：石狩川下游自然再生計劃書，2007
   (2) 北海道廳：北海道殖民地史料，北海道出版企劃中心（復刻版），1891
   (3) 岡村俊邦及其他：河畔林生成過程之解說暨再生法之研究 之一，平成
       19 年度標津川技術檢討委員會報告書，北海道開發局釧路開發建設部，
       2008
   (4) 岡村俊邦：生態學混播、混植法之理論、實踐及評價，石狩川振興財團，
       1994
   (5) 岡村俊邦及其他：寒冷地區原生河畔林之林相及其再生法，自然環境復
       原研究 5（投稿中），2010
   (6) 石狩川開發建設部：石狩川下游當別地區自然再生計劃書，2009 荒野變
       綠地

6. 正視流失危機，千葉保育谷津總動員
   (1) 夷隅川流域生物多樣性保全協議會：生物多樣性之維持推動支援工作報
       告書，夷隅川流域生物多樣性保全協議會（千葉縣自然保護課），P.21，
       2009
   (2) 千葉縣史料研究財團編，中村俊彥：谷津田的自然，千葉縣的自然誌正
       篇 5，千葉縣的植物 2（植生），p.742~752，2001
   (3) 中村俊彥：里山自然誌，谷津田的人、自然與文化生態，p.128，
       MARUMO 出版，2004
   (4) 中村俊彥、北澤哲彌、本田裕子：里山的結構及功能，千葉縣生物多樣
       性中心研究報告 2，p.21~30，2010

(5) 岩槻邦男、堂本曉子編、佐野鄉美：濕地再生拯救瀕臨絕種生物，地球暖化與生物多樣性，p.208~211，築地書館，2008

8. 大型開發住宅也能打造自然公園
(1) 我住在綠色丘陵陽光小鎮裡，住宅，vol. 81、no.5，日本住宅協會，1981
(2)25 年前規劃的社區，日本造園學會期刊，vol. 62、no.1，日本造園學會，1998
(3) 重回都心區的太陽城森林，景觀設計第 20 期，MARUMO 出版，1999
(4) 太陽城綠色志工 27 年，Treedoctor 8，日本樹木醫會，1999
(5) 社區景觀大賽協會獎、特優獎，CLA 月刊 vol. 148，景觀設計協會，1999
(6) 學會獎獲獎者實績：Sun City City Landscape 之計劃及養成，景觀研究，日本造園學會，2000
(7) 景觀計劃主持人的角色及技能，公園綠地 vol. 62，公園綠地協會，2002
(8) 對自然再生造鎮的建議「官民合作」，CLA 月刊 vol. 153，景觀設計協會，2002
(9) 樹木、樹林的低成本及循環管理，綠色時代 vol. 29、no.6，日本綠化中心，2002
(10) 日本造園學會監修、景觀設計發行委員會編：景觀設計的工作 與社區的核心—森林共舞，彰國社，2003
(11) 進士五十八眼中的「有賀一郎的工作」，景觀設計 vol. 71，MARUMO 出版，2010

編輯後記

本書特地邀請活躍於全國各地的環境再生醫專家加入執筆行列。所收到的稿件與照片，從北海道至九州都有，對象主題相當多元，內容層次更加豐富，在此深深感謝所有的執筆者。

本人也要由衷感謝為封面設計插圖的神宮寺香子小姐，事務局裡負責收集、彙整各作者手稿的河口秀樹先生和井尻裕子小姐，編輯委員會中為本書的編排給予很大協助的加藤正之先生和速水洋志先生。

此後，只要有任何報告環境再生現狀的機會，本人自當當仁不讓。

最後，OHM 出版社對於此書出版的協助和支援，也要在此一併致上謝意。

2011 年 1 月
20 周年紀念出版編輯委員會
井上國博

佐相田 明

■經歷 · 活動領域

曾任東京農業大學造園科助教，專長為造園學，主要活動領域包括水梯田復育及園藝公益活動，NPO 法人水梯田網理事。

■現職 · 所屬單位

岐阜縣立國際園藝學院副教授

赤尾整志（Akao Seishi）

■經歷 · 活動領域

大阪府立高中教師、大阪 Techno-Horti 園藝專門學校、日本海洋科學專門學校兼任講師、現任日本環境教育學會關西分部部長、環境再生醫上級。

■現職 · 所屬單位

環境再生醫生會關西分會

有賀一郎（Ariga ichirou）

■經歷 · 活動領域

1949 年出生於橫濱，東京農業大學造園系畢業，具技術士、環境再生醫上級資格，並兼有復原協會、樹木醫會、街路樹診斷協會等多項理事職務。著有《景觀工作》等，並發表過多篇論文。

■現職 · 所屬單位

東京農業大學客座教授、Suncoh Consultant Co., Ltd 地方環境部

井上祥一郎（Inoue Syouichirou）

■經歷 · 活動領域

信州大學畢業，曾學習新見式土壤淨化法、複合潟湖法、小山 · 岸式底質好氧化法、誘引 · 送氣微生物發酵法等多種工法，「流域環境修復實學」。

■現職 · 所屬單位

名邦 Techno 株式會社技術部長、Estemu 株式會社技術顧問、Earth Techno 株式會社顧問

宇根豐（Una Yutaka）

■經歷 · 活動領域

1950 年出生，1978 年開始提倡「減農藥」，達達蟲的發現者。（譯註：達達蟲為音譯，原文為ただの虫。存在於農田，既不屬於害蟲，也不屬於益蟲，卻肩負著維持生態系平衡的昆蟲。）代表農業與自然研究所主導各種生物的調查計劃。

大岩剛一（Ooiwa Gouichi）

■經歷 · 活動領域

自 2001 年開始主持 Slow Design 研究會，致力於推廣稻草屋。設計作品有「美山的家」、「風流」、「Coffee Slow」等，以市民身分參與建設，著有《稻草之家》。

■現職 · 所屬單位

建築師、成安造型大學藝術學部教授

佐岡村俊邦（Okamura Toshikuni）

■經歷・活動領域
從事自然環境復育再生之研究、教育及啟發，內容涵括相關範疇的理念、方法及評估。
■現職・所屬單位
北海道工業大學研究所工學研究科教授、自然環境復育學會理事

川越幸一（Kawagoe Kouichi）

■經歷・活動領域
從事重信川的自然再生、窪地的保護及復原、環境教育後援隊、應用生態工學地區研究會等活動、環境再生醫上級。
■現職・所屬單位
認定NPO法人自然環境復原協會理事、四電株式會社技術顧問

窪田敏（Kubota Satoshi）

■經歷・活動領域
「奈良縣五條之紅娘華守護會」代表，致力於維護及保護生物的棲地環境。
■現職・所屬單位
農業

小泉昭男（Koisumi Akio）

■經歷・活動領域
原生態區網京都分部副理事、日本生態區管理士協會理事、環境再生醫會關西分部部長、一級生態區施工管理士、環境再生醫上級。
■現職・所屬單位
小泉造園代表、未來主人翁負責人

小林徹（Kobayashi Tooru）

■經歷・活動領域
於大型建設公司任職，自環境NPO成立以後，即利用工作之餘參與橫濱Port Side公園的蘆葦原及本牧的蜻蜓生態池等的保護活動，環境再生醫上級。
■現職・所屬單位
NPO法人臨水環境研究會事務局長

櫻井淳（Sakurai Jun）

■經歷・活動領域
東京農業大學畢業後，即進入目前的公司服務。參與身邊的自然環境保護及復育等活動，也透過NPO活動培養技術人員，環境再生醫上級。
■現職・所屬單位
靜岡Green Servic服務株式會社執行董事、NPO法人日本生態環境協會副會長

佐佐木剛（Sasaki Tsuyoshi）

■經歷 · 活動領域
1990 年 4 月，岩手縣立宮古水產高等學校。2006 年 4 月，東京海洋大學副教授。
■現職 · 所屬單位
東京海洋大學海洋科學部海洋政策文化學科、該大學研究所海洋管理政策學副教授、東京海洋大學產官學合作促進機構海洋認同推動部

重岡廣男（Shigeoka Hiroo）

■經歷 · 活動領域
目前正從事靜岡市谷津山的復育工作，該處原本被竹林覆蓋，復育完成後將成為市民的休憩處所，環境再生醫上級。
■現職 · 所屬單位
谷津山再生協議會總代表

杉山惠一（Sugiyama Keiichi）

■經歷 · 活動領域
自 80 歲後半起擔任環境志工，確立「自然復原」的方法，將生態區的觀念推廣至全日本。
■現職 · 所屬單位
認定 NPO 法人自然環境復原協會理事長、靜岡大學名譽教授

竹信正敏（Takenobu Masatoshi）

■經歷 · 活動領域
工作之餘，嘗試將廢耕水田轉化濕地生態區，並致力於開發瀨戶內海的生態旅遊，環境再生醫上級。
■現職 · 所屬單位
綜合技研株式會社執行董事

立川周二（Tachikawa Syuuji）

■經歷 · 活動領域
東京都內的公園志工，藉由調查、標記蝴蝶的遷移路徑，探討都市環境和生物多樣性的關連，環境再生醫上級。
■現職 · 所屬單位
認定 NPO 法人自然環境復原協會理事

玉木恭介（Tamaki Kyousuke）

■經歷 · 活動領域
8 年前，擔任當地小學的 PTA 會長，深感於孩子們的自然環境教育刻不容緩。目前從事夢之島公園、熱帶植物館的運營管理工作，環境再生醫中級。
■現職 · 所屬單位
夢之島熱帶植物館館長

中野裕司（Nakano Yuuji）

■經歷 · 活動領域
曾於 Raito 工業株式會社技術本部 · 開發本部 · 地區環境研究所推廣邊坡自然回復綠化、特殊地綠化、廢棄物土壤資源化 · 循環利用等。平成 15 年自行創業，環境再生醫上級。
■現職 · 所屬單位
生態循環綜合研究所 / 中野綠化工技術研究所代表 / 所長

中村俊彥（Nakamura Toshihiko）

■經歷 · 活動領域
以生態學的專業進行生物多樣性、生態系及里山里海的調查研究暨保育活動
■現職 · 所屬單位
千葉縣立中央博物館副館長、縣環境生活副技監 (兼任)、千葉大學大學院理學研究科客座副教授

野澤日出夫（Nozawa Hideo）

■經歷 · 活動領域
自 2008 年經出任執行董事後昇任現職，JAS 認定機關判定員（有機驗證審定判定），生態旅遊協會理事等，生態環境顧問、獸醫師。
■現職 · 所屬單位
NPO 法人日本生態環境協會副會長、小岩井農牧株式會社特別常任顧問

福島紀雄（Hukushima Norio）

■經歷 · 活動領域
人工造林及木材利用方面的協調員，以公民參與的方式從事各項活動。專長為湧水與森林 · 地域等，環境再生醫上級。
■現職 · 所屬單位
認定 NPO 法人自然環境復原協會理事、飯田市環境顧問

福富洋一郎（Hukutomi Youichirou）

■經歷 · 活動領域
參與橫濱北部的早淵川復育、谷戶的里山復育、都筑的造鎮等各種活動，環境再生醫上級。
■現職 · 所屬單位
恩田之谷戶粉絲俱樂部歷史班。

福留脩文（Hukudome Syuubunn）

■經歷 · 活動領域
研發並推廣各種能夠運用天然素材及傳統工法的土木技術，於日本各地親身實踐參與活動，期使能將被破壞的環境予以復原。
■現職 · 所屬單位
株式會社西日本科學技術研究所執行董事

藤田廣子（Hujita Hiroko）

■經歷 · 活動領域
致力於谷戶的環境保護及農業相關活動、照顧任職學校校園內的流浪貓等
■現職 · 所屬單位
恩田之谷戶粉絲俱樂部代表、職員

藤原宣夫（Hujiwara Nobuo）

■經歷 · 活動領域
藉由驅逐外來植物及保護稀有植物等方式，從事與日本的植被景觀及文化景觀維護有關的活動
■現職 · 所屬單位
岐阜縣立國際園藝學院環境課程教授

松村正治（Matsumura Syouji）

■經歷 · 活動領域
於橫濱、多摩、八重山、對馬等地進行里山維護活動、地區環境史等研究工作
■現職 · 所屬單位
恩田之谷戶粉絲俱樂部主任會計、惠泉女子學園大學教師

安田陽一（Yasuda Youichi）

■經歷 · 活動領域
於大學這個研究及教育現場，透過各種活動鼓勵年輕一代改善環境。
■現職 · 所屬單位
日本大學理工學部土木工學科教授

矢野健司（Yano Kennji）

■經歷 · 活動領域
從事新能源事業等，以打造自然的城市為目標，友善環境、友善人。
■現職 · 所屬單位
茂木町環境課長

渡邊彰（Watanabe Akira）

■經歷 · 活動領域
東京農工大學畢業。以市民參與活動方式從事蘆葦原再生、大葉藻藻場再生等自然環境的保護及復育計劃，主要範圍為河海交界的自然環境。
■現職 · 所屬單位
NPO 法人臨水環境研究會副理事長、ED Enterprise 株式會社

走讀日本森川里海
日文原書名：写真で見る 自然環境再生

編　　者：日本自然環境復原協會
翻　　譯：陳桂蘭、林雅惠

顧　　問：胡忠一、李光中、游麗方
發 行 人：林華慶、王毓正
總 策 劃：楊宏志、廖一光、邱立文
策　　劃：夏榮生、羅尤娟、陳超仁、王佳琪

諮詢專家：鍾文鑫、林耀東、曹崇銘、洪美華
責任編輯：何　喬、王桂淳、莊佩璇、王雅湘、張　筧
美術設計：洪祥閔
編輯小組：黃麗珍、陳昕儀、吳元富、洪美月、巫毓麗

出　　版：行政院農業委員會林務局
　　　　　社團法人台灣環境教育協會
印　　製：中原造像股份有限公司
初　　版：2017 年 11 月
初版二刷：2017 年 12 月
定　　價：新台幣 350 元（平裝）
　　　　　ISBN：978-986-85828-6-6
　　　　　GPN：1010602084

國家圖書館出版品預行編目資料

走讀日本森川里海 / 日本自然環境復原協會編；陳桂蘭、林雅惠譯. -- 初版.
– 高雄市：社團法人台灣環境教育協會；臺北市：行政院農業委員會林務局，2017.11
面；　公分
譯自：写真で見る 自然環境再生

ISBN 978-986-85828-6-6　（平裝）

1. 自然保育 2. 日本

367.71　　　　　　　　　　106008829

保育推廣用書

本書如有缺頁、破損、倒裝，請寄回更換。

台灣環境教育協會
Taiwan Environmental Education Association

81361 高雄市重忠路 160 號
http://teeasite.weebly.com/
電話：（07）3434913
信箱：tweea88@gmail.com

行政院農業委員會林務局
FORESTRY BUREAU C.O.A

10050 台北市杭州南路一段 2 號
電話：（02）2351-5441
網址：http://www.forest.gov.tw
服務信箱：service@forest.gov.tw